数据分析与决策
技术丛书

Learning Data Mining with R

R语言数据挖掘

[哈萨克斯坦] 贝特·麦克哈贝尔（Bater Makhabel） 著

李洪成 许金炜 段力辉 译

U0350158

机械工业出版社
China Machine Press

图书在版编目（CIP）数据

R 语言数据挖掘 /（哈）贝特·麦克哈贝尔（Bater Makhabel）著；李洪成，许金炜，段力辉译 . —北京：机械工业出版社，2016.9
（数据分析与决策技术丛书）
书名原文：Learning Data Mining with R

ISBN 978-7-111-54769-3

I. R… II. ①贝… ②李… ③许… ④段… III. ①程序语言 – 程序设计 ②数据采集
IV. ① TP312 ② TP274

中国版本图书馆 CIP 数据核字（2016）第 212252 号

本书版权登记号：图字：01-2015-2379

Bater Makhabel: Learning Data Mining with R（ISBN: 978-1-78398-210-3）.

Copyright © 2015 Packt Publishing. First published in the English language under the title "Learning Data Mining with R".

All rights reserved.

Chinese simplified language edition published by China Machine Press.

Copyright © 2016 by China Machine Press.

R 语言数据挖掘

出版发行：机械工业出版社（北京市西城区百万庄大街 22 号 邮政编码：100037）
责任编辑：盛思源　　　　　　　　　　　　　　责任校对：殷 虹
印　　刷：北京市荣盛彩色印刷有限公司　　　　版　　次：2016 年 11 月第 1 版第 1 次印刷
开　　本：186mm × 240mm　1/16　　　　　　印　　张：13.75
书　　号：ISBN 978-7-111-54769-3　　　　　　定　　价：49.00 元

凡购本书，如有缺页、倒页、脱页，由本社发行部调换
客服热线：（010）88379426　88361066　　　　投稿热线：（010）88379604
购书热线：（010）68326294　88379649　68995259　读者信箱：hzit@hzbook.com

版权所有·侵权必究
封底无防伪标均为盗版
本书法律顾问：北京大成律师事务所　韩光 / 邹晓东

随着互联网中文档的快速积累，在网络中获取一些有用的信息变得愈发困难。本书收集了数据挖掘的一些最常用算法，首先对这些算法进行简单描述，然后给出了这些算法的常见应用背景，以方便数据挖掘用户学习和参考。对于关联规则、分类、聚类分析、异常值检测、数据流挖掘、时间序列、图形挖掘、网络分析、文本挖掘和网络分析等流行的数据挖掘算法，给出了较为详尽的介绍，并且给出了这些算法的伪代码和 R 语言实现。

本书提供了应用最流行的数据挖掘算法解决预测模型问题的可行策略，读者可以从中更好地理解主流的预测模型，也可以学习数据挖掘的实际经验。

本书第 1 章介绍数据挖掘、机器学习和数据预处理的基本概念；第 2 章介绍频繁模式挖掘、关联规则和相关性；第 3 章和第 4 章分别介绍分类和高级分类技术；第 5 章和第 6 章分别介绍聚类分析算法和高级聚类分析算法；第 7 章讨论异常值检测；第 8 章介绍流数据、时间序列数据及序列数据挖掘；第 9 章讨论图挖掘和网络分析；第 10 章介绍文本和网络数据挖掘。

读者可以从书中给出的伪代码出发，构建适合自己需要的算法；或者直接应用随书提供的 R 语言实现的算法。本书适合对数据挖掘感兴趣的各类人士，不管你是数据挖掘算法的研究人员，还是数据挖掘工程师，本书都可以提供相应的帮助。

本书的翻译得到了广西高校数据分析与计算重点实验室的资助。在本书的翻译过程中，得到了王春华编辑的大力支持和帮助。本书责任编辑盛思源老师具有丰富的经验，为本书的出版付出了大量的劳动，这里对她们的支持和帮助表示衷心的感谢。

由于时间和水平所限，难免会有不当之处，希望同行和读者多加指正。

译者

作者简介 *About the Author*

Bater Makhabel（LinkedIn: *BATERMJ* 和 GitHub: *BATERMJ*）为系统构架师，生活在中国北京、上海和乌鲁木齐等地。他于 1995 至 2002 年之间在清华大学学习，并获得计算机科学和技术的学士和博士学位。他在机器学习、数据挖掘、自然语言处理（NLP）、分布系统、嵌入系统、网络、移动平台、算法、应用数学和统计领域有丰富的经验。他服务过的客户包括 CA Technologies、META4ALL 和 EDA（DFR 的一家子公司）。同时，他也拥有在中国创办公司的经历。

Bater 的生活开创性地在计算机科学和人文科学之间取得了平衡。在过去的 12 年中，他在应用多种先进计算机技术于文化创作方面获得了经验，其中一项是人机界面，通过哈萨克语与计算机系统进行交互。他一直和他工作领域中的其他作家有合作，但是本书是他的第一部正式作品。

Jason H.D. Cho 在伊利诺伊大学香槟分校获得计算机硕士学位，现在在攻读博士。他对应用自然语言处理和大数据解决医学信息问题特别感兴趣。尤其是，他希望能在社交媒体上找到病人关心的健康需求。他曾带领一个学员小组在美国一项主要的保健竞赛（CIMIT）中跻身前 10 名。Jason 也为自然语言处理和大数据研究领域的文章进行审稿。

Gururaghav Gopal 现在在 Paterson 证券公司工作，其职位是量化分析员、开发人员、交易员和分析师。以前，他是一个和电商行业相关的数据科学咨询师。他曾经在印度韦洛尔的韦洛尔理工大学教授大学生和研究生模式识别课程。他曾经在一些研究机构做过研究助理，包括 IFMR 和 NAL。

Gururaghav 获得了电子工程的学士学位、计算机科学和工程的硕士学位，并在 IFMR 辅修金融工程和风险管理方面的课程。之后，他便在金融相关领域工作。他获得过多个奖项并以他的名字发表过多篇文章。他对编程、教学和咨询感兴趣。在闲暇时间，他会听音乐。

Vibhav Kamath 获得了位于孟买的印度理工学院工业工程和运筹学的硕士学位，并具有位于浦那的工学院的电子工程学士学位。大四期间，他对算法和数学模型产生了兴趣，从此便进入分析领域。Vibhav 现在在班加罗尔的一家 IT 服务公司工作，其工作的一部分内容是应用 R 编程语言基于优化和线性回归技术来开发统计和数学模型。他曾经审阅过 Packt 出版社出版的两本 R 语言图书：*R Graphs Cookbook, Second Edition* 和 *Social Media Mining with R*，他曾经应用 SAS、SQL 和 Excel/VBA 做过数据可视化，为一家银行开发过仪表盘程序。

过去，Vibhav 从事过离散时间仿真和语言处理（均基于 MATLAB）等方面的学术工作。他涉猎过机器人领域，建立了一个浏览魔方的机器人 Micromouse。除了分析和编程之外，Vibhav 喜欢阅读小说类读物。空闲时，他打乒乓球、板球和网球，实在无聊时就玩田字格游戏（数独和数谜）。可以通过邮件 vibhav.kamath@hotmail.com 或者领英 in.linkedin.com/in/vibhavkamath 与他联系。

Hasan Kurban 于 2012 年在布卢明顿的印度大学获得计算机硕士学位，现在在该校的信息与计算机学院攻读博士学位，专业为计算机科学同时辅修统计学。他的研究方向为数据挖掘、机器学习和统计学。

　　世界各地的统计学家和分析师正面临着处理许多复杂统计分析项目的迫切问题。由于人们对数据分析领域的兴趣日益增加，所以 R 语言提供了一个免费且开源的环境，非常适合学习和有效地利用现实世界中的预测建模方案。随着 R 语言社区的不断发展及其大量程序包的不断增加，它具备了解决众多实际问题的强大功能。

　　R 编程语言诞生已经有数十年了，它已经变得非常知名，不但被社区的科学家而且被更广泛的开发者社区所熟知。它已经成长为一个强大的工具，可以帮助开发者在执行数据相关任务时生成有效且一致的源代码。由于 R 语言开发团队和独立贡献者已经创建了良好的文档，所以使用 R 语言编程并不困难。

　　进而，你可以使用来自 R 语言官方网站的程序包。如果你想不断提高自己的专业水平，那么你可能需要阅读在过去几年中已经出版的书籍。你应该始终铭记：创建高水平、安全且国际兼容的代码比初始创建的第一个应用程序更加复杂。

　　本书的目的是帮助你处理在复杂的统计项目中遇到的一系列可能比较困难的问题。本书的主题包括：学习在运行 R 语言程序时，如何使用 R 代码段处理数据，挖掘频繁模式、关联规则和相关规则。本书还为那些具有 R 语言基础的读者提供了成功创建和自定义最常用数据挖掘算法的技能和知识。这将有助于克服困难，并确保在运用 R 语言公开可用的丰富程序包开发数据挖掘算法时，R 编程语言能够得到最有效的使用。

　　本书的每一章是独立存在的，因此你可以自由地跳转到任何一章，学习你觉得自己需要对某个特定的话题进行更加深入了解的章节。如果你觉得自己遗漏了一些重要的知识，你可以回顾前面的章节。本书的组织方式有助于逐步拓展你的知识框架。

　　你需要了解如何编写不同的预测模型、流数据和时间序列数据的代码，同时你还会接触到基于 MapReduce 算法（一种编程模型）的解决方案。学完本书，你将会为自己所具备的能力（知道哪种数据挖掘算法应用于哪种情况）而感到自信。

我喜欢使用 R 编程语言进行多用途数据挖掘任务的开发与研究，我非常高兴能与大家分享我的热情和专业知识，帮助大家更有效地使用 R 语言，更舒适地使用数据挖掘算法的发展成果与应用。

本书主要内容

第 1 章阐述数据挖掘的概要知识，数据挖掘与机器学习、统计学的关系，介绍数据挖掘基本术语，如数据定义和预处理等。

第 2 章包含使用 R 语言编程时，学习挖掘频繁模式、关联规则和相关规则所需的高级且有趣的算法。

第 3 章帮助你学习使用 R 语言编写经典分类算法，涵盖了应用于不同类型数据集的多种分类算法。

第 4 章讲述更多的分类算法，如贝叶斯信念网络、支持向量机（SVM）和 k 近邻算法。

第 5 章讲述如何使用流行与经典的算法进行聚类，如 k 均值、CLARA 和谱算法。

第 6 章介绍与当前行业热点话题相关的高级聚类算法的实现，如 EM、CLIQUE 和 DBSCAN 等。

第 7 章介绍如何应用经典和流行算法来检测现实世界案例中的异常值。

第 8 章运用最流行、最经典以及一流的算法来讲解流数据、时间序列和序列数据挖掘这 3 个热点话题。

第 9 章介绍图挖掘和社交挖掘算法的概要及其他有趣的话题。

第 10 章介绍应用领域中最流行算法的有趣应用。

附录包含算法和数据结构的列表以便帮助你学习数据挖掘。

学习本书的准备知识

任何一台装有 Windows、Linux 或者 Mac OS 系统的个人计算机都可以运行本书给出的代码示例。本书所使用的软件都是开源的，可以从 http://www.r-project.org/ 上免费获取。

读者对象

本书适合对 R 语言和统计学具有基本知识的数据科学家、定量分析师和软件工程师。本书假定读者只熟悉非常基本的 R 语言知识，如主要的数据类型、简单的函数和如何来回移动数据。不需要先前熟悉数据挖掘软件包。但是，你应该对数据挖掘的概念和过程有基本的认知。

即使你对于数据挖掘完全是一个新人，你也能够同时掌握基本和高级的数据挖掘算法的实现。你将学习如何从各种数据挖掘算法中选择合适的算法，将这些算法应用于现实世界可用的大多数数据集中的某些特定数据集中。

约定

本书中，你将发现多种文字印刷格式，它们用于对不同类型的信息进行区分。下面是关于这些格式的一些例子以及它们的含义。

文本中的代码、数据库表名、文件夹名、文件名、文件扩展名、路径名、虚拟 URL、用户输入和 Twitter ID 如下所示："我们可以通过使用 include 指令来包含其他的上下文。"

新的术语和**重要词**用粗体标示。例如，在屏幕上、菜单中或者对话框中看到的词将这样出现在文本中："单击 Next 按钮进入下一个界面。"

 警告或者重要的说明将会出现在这样的图标后面。

 提示或技巧将会出现在这样的图标后面。

读者反馈

读者的反馈始终是受欢迎的。让我们知道你如何看待本书——你喜欢哪些内容或者你可能不喜欢哪些内容。读者的反馈对于我们制定使读者真正获得最大效用的主题是十分重要的。

可以通过发送电子邮件至邮箱 feedback@packtpub.com，并在电子邮件的主题中提及书名来给我们提供意见。

如果你对于某个主题有专长，或者你有兴趣编写一本书或协助完成一本书，可以到网站 www.packtpub.com/authors 看一看我们的撰稿指南。

客户支持

既然你现在自豪地拥有了一本 Packt 书，那么我们可以做很多事来帮助你充分利用你购买的书籍。

下载示例代码

你可以从你在 http://www.packtpub.com 网站的账户上下载所有你已经购买的 Packt 书的示例代码。如果你在其他地方购买本书，你可以访问 http://www.packtpub.com/support 网站并注册，我们将通过电子邮件直接给你发送文件。你也可以在网站 https://github.com/batermj/learning-data-mining-with-r 找到本书的代码文件。

勘误表

虽然我们已经尽力确保书中内容的准确性，但错误难免会发生。如果你在我们的某一本书中发现错误（可能是文本或者代码中的错误）并向我们报告错误，我们将不胜感激。由此，你可以使其他读者免于困惑并帮助我们改进该书的后续版本。如果你发现任何错误，请通过访问 http://www.packtpub.com/submit-errata 网站，选择相应图书，单击 errata submission form（勘误提交表单）的链接，并输入错误的详细信息以便报告给我们。一旦你的错误得到验证，你的提交将被接受并上传到我们的网站，或者添加到现有的勘误表中，列于该标题下的勘误表部分。任何现有的勘误表均可从 http://www.packtpub.com/support 网站上选择你所需要的标题进行查看。

盗版行为

因特网上版权材料的盗版行为是所有媒介一直存在的问题。在 Packt，我们非常重视对版权和许可证的保护。如果你在网络上遇到任何形式非法复制我们著作的行为，请立刻向我们提供位置地址或者网站名称以便我们能够寻找补救方法。

我们的联系方式是 copyright@packtpub.com，请一并附上关于涉嫌盗版材料的链接。

我们非常感谢你对我们的作者以及我们为你带来有价值内容的能力的保护。

问题

如果你对本书有任何方面的问题，可以联系我们（questions@packtpub.com），我们将竭尽所能帮助你解决。

Acknowledgements **致　　谢**

感谢我的妻子 Zurypa Dawletkan 和儿子 Bakhtiyar。他们支持我利用多个周末和夜晚使得本书得以出版。

我也要感谢 Luke Presland，给予我机会来撰写这本书。十分感谢 Rebecca Pedley 和 Govindan K，你们对本书的贡献是巨大的。感谢 Jalasha D'costa 和其他技术编辑及团队为该书出版付出的努力，使得本书看起来还不错。同时，感谢组稿编辑和技术审校者。

我也要谢谢我的兄弟 Bolat Makhabel 博士（LinkedIn：*BOLATMJ*），他给我提供了本书英文版封面的照片，他具有医学背景。照片中的植物名为 Echinops（植物学的拉丁名字），哈萨克语称为 Lahsa，在中国称为蓝刺头。这种植物用于传统的哈萨克医药，也是我兄弟研究的一部分。

尽管我的专业知识来源于不断的实践，但它也来源于我的母校（清华大学）和戴梅萼教授、赵雁南教授、王家钦教授、Ju Yuma 教授以及其他众多老师为我打下的坚实基础。他们的精神鼓励我在计算机科学和技术领域继续努力。我要感谢我的岳父母 Dawletkan Kobegen 和 Burux Takay，感谢他们照顾我的儿子。

最后，我要对我的姐姐 Aynur Makhabel 和姐夫 Akimjan Xaymardan 表达我最大的敬意。

目　录 *Contents*

译者序

作者简介

审校者简介

前言

致谢

第1章　预备知识 ························· 1

1.1　大数据 ····························· 2

1.2　数据源 ····························· 3

1.3　数据挖掘 ··························· 4

　　1.3.1　特征提取 ···················· 4

　　1.3.2　总结 ······················· 4

　　1.3.3　数据挖掘过程 ················ 5

1.4　社交网络挖掘 ······················ 7

1.5　文本挖掘 ··························· 9

　　1.5.1　信息检索和文本挖掘 ·········· 10

　　1.5.2　文本挖掘预测 ················ 10

1.6　网络数据挖掘 ······················ 10

1.7　为什么选择 R ······················ 12

1.8　统计学 ····························· 12

　　1.8.1　统计学与数据挖掘 ············ 13

1.8.2　统计学与机器学习 ············· 13

1.8.3　统计学与 R 语言 ·············· 13

1.8.4　数据挖掘中统计学的局限性···· 13

1.9　机器学习 ··························· 13

　　1.9.1　机器学习方法 ················ 14

　　1.9.2　机器学习架构 ················ 14

1.10　数据属性与描述 ··················· 15

　　1.10.1　数值属性 ··················· 16

　　1.10.2　分类属性 ··················· 16

　　1.10.3　数据描述 ··················· 16

　　1.10.4　数据测量 ··················· 17

1.11　数据清洗 ·························· 18

　　1.11.1　缺失值 ····················· 18

　　1.11.2　垃圾数据、噪声数据或
　　　　　　异常值 ····················· 19

1.12　数据集成 ·························· 19

1.13　数据降维 ·························· 20

　　1.13.1　特征值和特征向量 ··········· 20

　　1.13.2　主成分分析 ················· 20

　　1.13.3　奇异值分解 ················· 20

　　1.13.4　CUR 分解 ·················· 21

1.14 数据变换与离散化 ·············· 21
   1.14.1 数据变换 ·············· 21
   1.14.2 标准化数据的变换方法 ····· 22
   1.14.3 数据离散化 ·············· 22
1.15 结果可视化 ·············· 23
1.16 练习 ·············· 24
1.17 总结 ·············· 24

第2章 频繁模式、关联规则和
   相关规则挖掘 ·············· 25
2.1 关联规则和关联模式概述 ········ 26
   2.1.1 模式和模式发现 ·············· 26
   2.1.2 关系或规则发现 ·············· 29
2.2 购物篮分析 ·············· 30
   2.2.1 购物篮模型 ·············· 31
   2.2.2 Apriori 算法 ·············· 31
   2.2.3 Eclat 算法 ·············· 35
   2.2.4 FP-growth 算法 ·············· 37
   2.2.5 基于最大频繁项集的
       GenMax 算法 ·············· 41
   2.2.6 基于频繁闭项集的 Charm
       算法 ·············· 43
   2.2.7 关联规则生成算法 ·············· 44
2.3 混合关联规则挖掘 ·············· 46
   2.3.1 多层次和多维度关联规则
       挖掘 ·············· 46
   2.3.2 基于约束的频繁模式挖掘 ····· 47
2.4 序列数据集挖掘 ·············· 48
   2.4.1 序列数据集 ·············· 48
   2.4.2 GSP 算法 ·············· 48

2.5 R 语言实现 ·············· 50
   2.5.1 SPADE 算法 ·············· 51
   2.5.2 从序列模式中生成规则 ······ 52
2.6 高性能算法 ·············· 52
2.7 练习 ·············· 53
2.8 总结 ·············· 53

第3章 分类 ·············· 54
3.1 分类 ·············· 55
3.2 通用决策树归纳法 ·············· 56
   3.2.1 属性选择度量 ·············· 58
   3.2.2 决策树剪枝 ·············· 59
   3.2.3 决策树生成的一般算法 ······ 59
   3.2.4 R 语言实现 ·············· 61
3.3 使用 ID3 算法对高额度信用卡
   用户分类 ·············· 61
   3.3.1 ID3 算法 ·············· 62
   3.3.2 R 语言实现 ·············· 64
   3.3.3 网络攻击检测 ·············· 64
   3.3.4 高额度信用卡用户分类 ······ 66
3.4 使用 C4.5 算法进行网络垃圾
   页面检测 ·············· 66
   3.4.1 C4.5 算法 ·············· 67
   3.4.2 R 语言实现 ·············· 68
   3.4.3 基于 MapReduce 的并行版本 ··· 69
   3.4.4 网络垃圾页面检测 ·············· 70
3.5 使用 CART 算法判断网络关键
   资源页面 ·············· 72
   3.5.1 CART 算法 ·············· 73
   3.5.2 R 语言实现 ·············· 74

3.5.3 网络关键资源页面判断 ········· 74

3.6 木马程序流量识别方法和
贝叶斯分类 ················· 75
3.6.1 估计 ···················· 75
3.6.2 贝叶斯分类 ············· 76
3.6.3 R 语言实现 ············· 77
3.6.4 木马流量识别方法 ······ 77

3.7 垃圾邮件识别和朴素贝叶斯
分类 ······················· 79
3.7.1 朴素贝叶斯分类 ········· 79
3.7.2 R 语言实现 ············· 80
3.7.3 垃圾邮件识别 ··········· 80

3.8 基于规则的计算机游戏玩家类型
分类和基于规则的分类 ······ 81
3.8.1 从决策树变换为决策规则 ····· 82
3.8.2 基于规则的分类 ········· 82
3.8.3 序列覆盖算法 ··········· 83
3.8.4 RIPPER 算法 ············ 83
3.8.5 计算机游戏玩家类型的基于
规则的分类 ············· 85

3.9 练习 ······················· 86
3.10 总结 ······················ 86

第 4 章 高级分类算法 ············· 87
4.1 集成方法 ··················· 87
4.1.1 Bagging 算法 ··········· 88
4.1.2 Boosting 和 AdaBoost 算法 ··· 89
4.1.3 随机森林算法 ··········· 91
4.1.4 R 语言实现 ············· 91
4.1.5 基于 MapReduce 的并行
版本 ··················· 92

4.2 生物学特征和贝叶斯信念网络 ··· 92
4.2.1 贝叶斯信念网络算法 ······ 93
4.2.2 R 语言实现 ············· 94
4.2.3 生物学特征 ············· 94

4.3 蛋白质分类和 k 近邻算法 ······· 94
4.3.1 kNN 算法 ·············· 95
4.3.2 R 语言实现 ············· 95

4.4 文档检索和支持向量机 ········· 95
4.4.1 支持向量机算法 ·········· 97
4.4.2 R 语言实现 ············· 99
4.4.3 基于 MapReduce 的并行
版本 ··················· 99
4.4.4 文档检索 ··············· 100

4.5 基于频繁模式的分类 ··········· 100
4.5.1 关联分类 ··············· 100
4.5.2 基于判别频繁模式的
分类 ··················· 101
4.5.3 R 语言实现 ············· 101
4.5.4 基于序列频繁项集的文本
分类 ··················· 102

4.6 基于反向传播算法的分类 ········ 102
4.6.1 BP 算法 ··············· 104
4.6.2 R 语言实现 ············· 105
4.6.3 基于 MapReduce 的并行
版本 ··················· 105

4.7 练习 ······················· 106
4.8 总结 ······················· 107

第 5 章 聚类分析 ··············· 108
5.1 搜索引擎和 k 均值算法 ········· 110
5.1.1 k 均值聚类算法 ·········· 111

5.1.2 核 k 均值聚类算法 ············ 112

5.1.3 k 模式聚类算法 ············ 112

5.1.4 R 语言实现 ············ 113

5.1.5 基于 MapReduce 的并行

版本 ············ 113

5.1.6 搜索引擎和网页聚类 ············ 114

5.2 自动提取文档文本和 k 中心点

算法 ············ 116

5.2.1 PAM 算法 ············ 117

5.2.2 R 语言实现 ············ 117

5.2.3 自动提取和总结文档文本 ···· 117

5.3 CLARA 算法及实现 ············ 118

5.3.1 CLARA 算法 ············ 119

5.3.2 R 语言实现 ············ 119

5.4 CLARANS 算法及实现 ············ 119

5.4.1 CLARANS 算法 ············ 120

5.4.2 R 语言实现 ············ 120

5.5 无监督的图像分类和仿射传播

聚类 ············ 120

5.5.1 仿射传播聚类 ············ 121

5.5.2 R 语言实现 ············ 122

5.5.3 无监督图像分类 ············ 122

5.5.4 谱聚类算法 ············ 123

5.5.5 R 语言实现 ············ 123

5.6 新闻分类和层次聚类 ············ 123

5.6.1 凝聚层次聚类 ············ 123

5.6.2 BIRCH 算法 ············ 124

5.6.3 变色龙算法 ············ 125

5.6.4 贝叶斯层次聚类算法 ············ 126

5.6.5 概率层次聚类算法 ············ 126

5.6.6 R 语言实现 ············ 127

5.6.7 新闻分类 ············ 127

5.7 练习 ············ 127

5.8 总结 ············ 128

第6章 高级聚类分析 ············ 129

6.1 电子商务客户分类分析和

DBSCAN 算法 ············ 129

6.1.1 DBSCAN 算法 ············ 130

6.1.2 电子商务客户分类分析 ······ 131

6.2 网页聚类和 OPTICS 算法 ············ 132

6.2.1 OPTICS 算法 ············ 132

6.2.2 R 语言实现 ············ 134

6.2.3 网页聚类 ············ 134

6.3 浏览器缓存中的访客分析和

DENCLUE 算法 ············ 134

6.3.1 DENCLUE 算法 ············ 135

6.3.2 R 语言实现 ············ 135

6.3.3 浏览器缓存中的访客分析 ···· 136

6.4 推荐系统和 STING 算法 ············ 137

6.4.1 STING 算法 ············ 137

6.4.2 R 语言实现 ············ 138

6.4.3 推荐系统 ············ 138

6.5 网络情感分析和 CLIQUE 算法 ··· 139

6.5.1 CLIQUE 算法 ············ 139

6.5.2 R 语言实现 ············ 140

6.5.3 网络情感分析 ············ 140

6.6 观点挖掘和 WAVE 聚类算法 ···· 140

6.6.1 WAVE 聚类算法 ············ 141

6.6.2 R 语言实现 ············ 141

6.6.3　观点挖掘 ·················· 141

6.7　用户搜索意图和 EM 算法 ······· 142

6.7.1　EM 算法 ················· 143

6.7.2　R 语言实现 ··············· 143

6.7.3　用户搜索意图 ·········· 143

6.8　客户购买数据分析和高维
数据聚类 ···················· 144

6.8.1　MAFIA 算法 ············· 144

6.8.2　SURFING 算法 ·········· 145

6.8.3　R 语言实现 ··············· 146

6.8.4　客户购买数据分析 ····· 146

6.9　SNS 和图与网络数据聚类 ······ 146

6.9.1　SCAN 算法 ·············· 146

6.9.2　R 语言实现 ··············· 147

6.9.3　社交网络服务 ·········· 147

6.10　练习 ···························· 148

6.11　总结 ···························· 148

第 7 章　异常值检测 ·················· 150

7.1　信用卡欺诈检测和统计方法 ····· 151

7.1.1　基于似然的异常值检测
算法 ·························· 152

7.1.2　R 语言实现 ··············· 152

7.1.3　信用卡欺诈检测 ········· 153

7.2　活动监控——涉及手机的欺诈
检测和基于邻近度的方法 ····· 153

7.2.1　NL 算法 ················· 153

7.2.2　FindAllOutsM 算法 ····· 153

7.2.3　FindAllOutsD 算法 ····· 154

7.2.4　基于距离的算法 ········· 155

7.2.5　Dolphin 算法 ············ 156

7.2.6　R 语言实现 ··············· 157

7.2.7　活动监控与手机欺诈检测 ···· 157

7.3　入侵检测和基于密度的方法 ····· 157

7.3.1　OPTICS-OF 算法 ········ 159

7.3.2　高对比度子空间算法 ···· 159

7.3.3　R 语言实现 ··············· 160

7.3.4　入侵检测 ················· 160

7.4　入侵检测和基于聚类的方法 ····· 161

7.4.1　层次聚类检测异常值 ···· 161

7.4.2　基于 k 均值的算法 ······ 161

7.4.3　ODIN 算法 ·············· 162

7.4.4　R 语言实现 ··············· 162

7.5　监控网络服务器的性能和基于
分类的方法 ·················· 163

7.5.1　OCSVM 算法 ············ 163

7.5.2　一类最近邻算法 ········· 164

7.5.3　R 语言实现 ··············· 164

7.5.4　监控网络服务器的性能 ·· 164

7.6　文本的新奇性检测、话题
检测与上下文异常值挖掘 ····· 164

7.6.1　条件异常值检测算法 ···· 165

7.6.2　R 语言实现 ··············· 166

7.6.3　文本的新奇性检测与话题
检测 ·························· 166

7.7　空间数据中的集体异常值 ······· 167

7.7.1　路径异常值检测算法 ···· 167

7.7.2　R 语言实现 ··············· 167

7.7.3　集体异常值的特征 ······ 168

7.8　高维数据中的异常值检测 ······· 168

7.8.1 Brute-Force 算法 ·············· 168

7.8.2 HilOut 算法 ·················· 168

7.8.3 R 语言实现 ··················· 169

7.9 练习 ···························· 169

7.10 总结 ··························· 169

第 8 章 流数据、时间序列数据和 序列数据挖掘 ··············· 171

8.1 信用卡交易数据流和 STREAM 算法 ························· 171

8.1.1 STREAM 算法 ·············· 172

8.1.2 单通道法聚类算法 ········· 173

8.1.3 R 语言实现 ················ 174

8.1.4 信用卡交易数据流 ········· 174

8.2 预测未来价格和时间序列分析 ··· 175

8.2.1 ARIMA 算法 ··············· 176

8.2.2 预测未来价格 ·············· 176

8.3 股票市场数据和时间序列 聚类与分类 ···················· 176

8.3.1 hError 算法 ················ 177

8.3.2 基于 1NN 分类器的时间 序列分类 ················· 178

8.3.3 R 语言实现 ················ 178

8.3.4 股票市场数据 ·············· 178

8.4 网络点击流和挖掘符号序列 ····· 179

8.4.1 TECNO-STREAMS 算法 ···· 179

8.4.2 R 语言实现 ················ 181

8.4.3 网络点击流 ················ 181

8.5 挖掘事务数据库中的序列模式 ··· 181

8.5.1 PrefixSpan 算法 ············ 182

8.5.2 R 语言实现 ················ 182

8.6 练习 ···························· 182

8.7 总结 ···························· 182

第 9 章 图挖掘与网络分析 ··········· 183

9.1 图挖掘 ·························· 183

9.1.1 图 ······················· 183

9.1.2 图挖掘算法 ··············· 184

9.2 频繁子图模式挖掘 ··············· 184

9.2.1 gPLS 算法 ················· 184

9.2.2 GraphSig 算法 ············· 184

9.2.3 gSpan 算法 ················ 185

9.2.4 最右路径扩展和它们的支持··· 185

9.2.5 子图同构枚举算法 ········· 186

9.2.6 典型的检测算法 ··········· 186

9.2.7 R 语言实现 ················ 186

9.3 社交网络挖掘 ··················· 186

9.3.1 社区检测和 Shingling 算法··· 187

9.3.2 节点分类和迭代分类算法··· 188

9.3.3 R 语言实现 ················ 188

9.4 练习 ···························· 188

9.5 总结 ···························· 188

第 10 章 文本与网络数据挖掘 ······· 189

10.1 文本挖掘与 TM 包 ············· 190

10.2 文本总结 ····················· 190

10.2.1 主题表示 ················ 191

10.2.2 多文档总结算法 ········· 192

10.2.3 最大边缘相关算法 ········ 193

10.2.4 R 语言实现 ·············· 193

10.3　问答系统 ················· 194

10.4　网页分类 ················· 194

10.5　对报刊文章和新闻主题分类 ···· 195

　　10.5.1　基于 N-gram 的文本分类

　　　　　算法 ··············· 195

　　10.5.2　R 语言实现 ············· 197

10.6　使用网络日志的网络使用

　　挖掘 ················· 197

　　10.6.1　基于形式概念分析的关联

　　　　　规则挖掘算法 ············ 198

　　10.6.2　R 语言实现 ············· 198

10.7　练习 ················· 198

10.8　总结 ················· 199

附录　算法和数据结构 ················· 200

第 1 章 *Chapter 1*

预备知识

本章中，你将学习基本的数据挖掘术语，比如数据定义、预处理等。

最重要的数据挖掘算法将通过 R 语言进行说明，以便帮助你快速掌握原理，包括但不局限于分类、聚类和异常值检测。在深入研究数据挖掘之前，我们来看一看将要介绍的主题：

- ❑ 数据挖掘
- ❑ 社交网络挖掘
- ❑ 文本挖掘
- ❑ 网络数据挖掘
- ❑ 为什么选择 R
- ❑ 统计学
- ❑ 机器学习
- ❑ 数据属性与描述
- ❑ 数据测量
- ❑ 数据清洗
- ❑ 数据集成
- ❑ 数据降维
- ❑ 数据变换与离散化
- ❑ 结果可视化

在人类历史上，来自每个方面的数据结果都是广泛的，例如网站、由用户的电子邮件或姓名或账户构成的社交网络、搜索词、地图上的位置、公司、IP 地址、书籍、电影、音乐和产品。

数据挖掘技术可应用于任何类型的旧数据或者新数据，每种数据类型都可以运用特定的技术（并不需要全部技术）得到最好的处理。也就是说，数据挖掘技术受到数据类型、数据集大小以及任务应用环境等条件的限制。每一种数据集都有自己适合的数据挖掘解决方案。

一旦旧的数据挖掘技术不能应用于新的数据类型或者如果新的数据类型不能转换成传统的数据类型，那么总是需要研究新的数据挖掘技术。应用于 Twitter 庞大资源集的流数据挖掘算法的演变是一个典型的例子，针对社交网络开发的图挖掘算法是另一个例子。

最流行且最基本的数据形式来自数据库、数据仓库、有序数据或者序列数据、图形数据以及文本数据等。换句话说，它们是联合数据、高维数据、纵向数据、流数据、网络数据、数值数据、分类数据或者文本数据。

1.1 大数据

大数据是数据量很大的数据，它不适合存储在单台机器中。也就是说，在研究大数据时，数据本身的大小成为了问题的一部分。除了容量（Volume），大数据的其他两个主要特征就是多样性（Variety）和速度（Velocity），这就是大数据著名的三个特征。速度指的是数据处理的速率或者数据处理有多快；多样性指的是各种数据源类型。大数据源集合产生的噪声更频繁并且影响挖掘的结果，这就需要高效的数据预处理算法。

因此，分布式文件系统用来作为对大量数据成功执行并行算法的工具，可以肯定的是，每过 1 秒，我们将得到更多的数据。数据分析和可视化技术是与海量数据相关的数据挖掘任务的主要部分。海量数据的特性吸引了许多与平台相关的新的数据挖掘技术，其中一个就是 RHadoop。我们将在后面的内容中对它进行描述。

大数据中的一些重要数据类型如下所述：

❑ 第一种数据类型来自摄像机视频，它包含了用于加快犯罪调查分析、增强零售分析以及军事情报分析等更多的元数据。

❑ 第二种数据类型来自嵌入式的传感器，如医用传感器，用来监测病毒的任何潜在爆发。

☐ 第三种数据类型来自娱乐，由任何人通过社交媒体自由发布的信息。

☐ 第四种数据类型来自消费者图像，它们源自社交媒体，像这种图像的标注是很重要的。

下面的表说明了数据大小增长的历史。该表显示信息每两年翻一番多，改变着研究人员或者公司的管理方式，通过数据挖掘技术从数据中获取价值，揭示着新的数据挖掘研究。

年份	数据大小	说　　明
N/A		1MB（Megabyte：兆字节）=2^{20} 人的大脑大约存储 200MB 的信息
N/A		1PB（Petabyte：拍字节）=2^{50} 这类似于由 NASA 对地球 3 年的观察数据的大小或者相当于美国国会图书馆书籍的 70.8 倍
1999	1EB	1EB（Exabyte：艾字节）=2^{60} 世界产生了 1.5EB 独特的信息
2007	281EB	世界产生了大约 281EB 独特的信息
2011	1.8ZB	1ZB（Zetabyte：泽字节）=2^{70} 这是人类在 2011 年收集的所有数据
近期		1YB（Yottabytes：尧字节）=2^{80}

可扩展性和效率

效率、可扩展性、性能、优化以及实时执行的能力对于几乎所有的算法都是很重要的问题，它对数据挖掘也是如此。数据挖掘算法始终有一些必要的衡量指标或者基准因素。

随着数据量的持续增长，保持数据挖掘算法的效率和可扩展性对于有效地从众多数据存储库或数据流中的海量数据集里提取信息是很有必要的。

从单台机器到广泛分布的数据存储、众多数据集的庞大规模以及数据挖掘方法计算的复杂性，这些都是驱动并行和分布式数据密集型挖掘算法发展的因素。

1.2　数据源

数据充当数据挖掘系统的输入，因此数据存储库是非常重要的。在企业环境中，数据库和日志文件是常见来源；在网络数据挖掘中，网页是数据的来源；连续地从各种传感器中提取数据也是典型的数据源。

这里有一些免费的在线数据源十分有助于学习数据挖掘：

❑ **频繁项集挖掘数据存储库**（Frequent Itemset Mining Dataset Repository）：一个带有数据集的存储库，用于找到频繁项集的方法（http://fimi.ua.ac.be/data/）。

❑ **UCI 机器学习存储库**（UCI Machine Learning Repository）：一个数据集的集合，适用于分类任务（http://archive.ics.uci.edu/ml/）。

❑ **statlib 的数据及其描述库**（The Data and Story Library at statlib）：DASL 是一个在线库，它拥有说明基本统计方法用途的数据文件和故事。我们希望提供来自多主题的数据，这样统计学教师可以找到学生感兴趣的真实世界的例子。使用DASL 强大的搜索引擎来查找感兴趣的故事和数据文件（http://lib.stat.cmu.edu/DASL/）。

❑ **词汇网**（WordNet）：一个英语词汇数据库（http://wordnet.princeton.edu）。

1.3 数据挖掘

数据挖掘就是在数据中发现一个模型，它也称为探索性数据分析，即从数据中发现有用的、有效的、意想不到的且可以理解的知识。有些目标与其他科学，如统计学、人工智能、机器学习和模式识别是相同的。在大多数情况下，数据挖掘通常被视为一个算法问题。聚类、分类、关联规则学习、异常检测、回归和总结都属于数据挖掘任务的一部分。

数据挖掘方法可以总结为两大类数据挖掘问题：特征提取和总结。

1.3.1 特征提取

这是为了提取数据最突出的特征并忽略其他的特征。下面是一些例子：

❑ **频繁项集**（Frequent itemset）：该模型对构成小项集篮子的数据有意义。（找出一堆项目中出现最为频繁、关系最为密切的一个子集。——译者注）

❑ **相似项**（Similar item）：有时你的数据看起来像数据集的集合，而目标是找到一对数据集，它们拥有较大比例的共同元素。这是数据挖掘的一个基本问题。

1.3.2 总结

目标是简明且近似地对数据集进行总结（或者说摘要），比如聚类，它是这样一个过程：检查数据的集合并根据某些度量将数据点分类到相应的类中。目标就是使相同类中的点彼此之间的距离较小，而不同类中的点彼此之间的距离较大。

1.3.3　数据挖掘过程

从不同的角度定义数据挖掘过程有两种比较流行的过程，其中更广泛采用的一种是 CRISP-DM：

- **跨行业数据挖掘标准过程**（Cross-Industry Standard Process for Data Mining，CRISP-DM）。
- **采样、探索、修正、建模、评估**（Sample, Explore, Modify, Model, Assess，缩写为 SEMMA），这是由美国 SAS 研究所制定的。

1.3.3.1　CRISP-DM

这个过程共分 6 个阶段，如下图所示。它不是一成不变的，但通常会有大量的回溯。

让我们详细地看一看每个阶段：

- **业务理解**（business understanding）：这项任务包括确定业务目标、评估当前形势、建立数据挖掘目标并制订计划。
- **数据理解**（data understanding）：这项任务评估数据需求，包括原始数据收集、数据描述、数据探索和数据质量的验证。

❑ **数据准备**（data preparation）：一旦获得数据，在上一步中确定数据源。然后需要对数据进行选择、清洗，并形成期望的形式和格式。

❑ **建模**（modeling）：可视化和聚类分析对于初步分析是有用的。可以应用像广义规则归纳（generalized rule induction）这样的工具开发初始关联规则。这是一个发现规则的数据挖掘技术，从条件因素与给定的决策或者结果之间的因果关系来对数据进行说明。也可以应用其他适用于数据的模型。

❑ **评估**（evaluation）：结果应该在第一阶段中的业务目标指定的环境下对模型结果进行评估。在大多数情况下，这会导致新需求的确定，转而返回到前一个阶段。

❑ **部署**（deployment）：可以使用数据挖掘来验证之前的假设或者知识。

1.3.3.2 SEMMA

下图是 SEMMA 过程的概览。

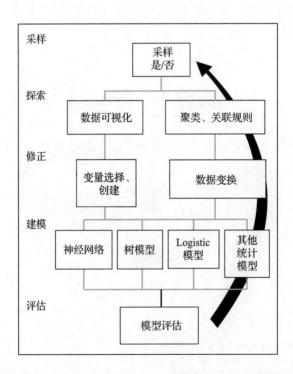

让我们详细地看一看这些过程：

❑ **采样**（sample）：在该步中，提取一个大数据集的一部分。

❑ **探索**（explore）：为了更好地理解数据集，在此步中搜索未预料的趋势和异常。

- **修正**（modify）：创建、选择和转换变量，以便专注于模型构建过程。
- **建模**（model）：搜索多种模型的组合，以便预测一个满意的结果。
- **评估**（assess）：根据实用性和可靠性对数据挖掘过程的结果进行评估。

1.4　社交网络挖掘

正如我们前面提到的，数据挖掘是从数据中发现一个模型，社交网络挖掘就是从表示社交网络的图形数据中发现模型。

社交网络挖掘是网络数据挖掘的一个应用，比较流行的应用有社会科学和文献计量学、PageRank 和 HITS 算法、粗粒度图模型的不足、增强模型和技术、主题提取的评估以及网络的评估与建模。

社交网络

当涉及社交网络的讨论时，你会想到 Facebook、Google+ 和 LinkedIn 等。社交网络的基本特征如下：

- 存在一个参与网络的实体集合。通常情况下，这些实体是人，但它们也完全可能是其他实体。
- 网络的实体之间至少存在一种关系。在 Facebook 上，这种关系被称为朋友，有时，这种关系要么存在要么不存在，两个人要么是朋友要么不是朋友。然而，在社交网络的其他例子中，关系有一个度。这个度可以是离散的，比如在 Google+ 上，朋友、家人、相识或者不相识；这个度也可能是一个实际的数字，比如平均一天内两个人相互交谈所花费的时间。
- 社交网络有一个非随机性或者忠诚性的假设。这个条件最难形式化，但直观解释是关系趋于集中；也就是说，如果实体 A 与 B 和 C 都相关，那么 B 与 C 相关的概率就高于平均水平。

下面是社交网络的一些种类：

- **电话网络**（telephone network）：该网络的节点是电话号码，代表个体。
- **电子邮件网络**（E-mail network）：该网络的节点是电子邮件地址，也代表个体。
- **合作网络**（collaboration network）：该网络的节点代表发表了研究论文的个体，连接两个节点的边表示联合发表一篇或者多篇论文的两个个体。

社交网络以无向图建模。实体是节点，如果两个节点根据刻画网络的关系相互关联，那么就有一条边连接两个节点。如果相关联的关系有一个度，那么这个度就通过标记边来表示。

下载代码示例

你可以从 http://www.packtpub.com 的账户中下载所有你购买的 Packt 出版社出版的书籍的示例代码文件。如果你在其他地方购买了这本书，你可以访问 http://www.packtpub.com/support 网站并注册，我们将通过电子邮件直接给你发送文件。

这里有一个例子，它是用 R 语言的 sna 程序包中的科尔曼高中朋友数据（Coleman's High School Friendship Data）进行分析。数据来源于对某个学年同一高中的 73 个男孩之间的友好关系的研究，所有被调查对象提供了两个时间点（春季和秋季）来报告其关系。数据集的名称是 coleman，它是 R 语言中的数组类型。节点代表一个具体的学生，线代表两个学生之间的关系。

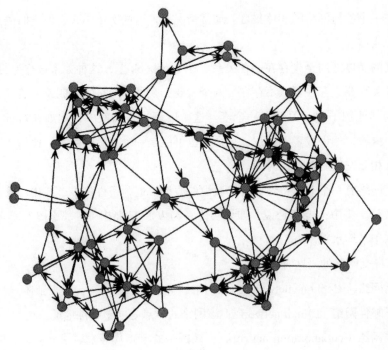

春季

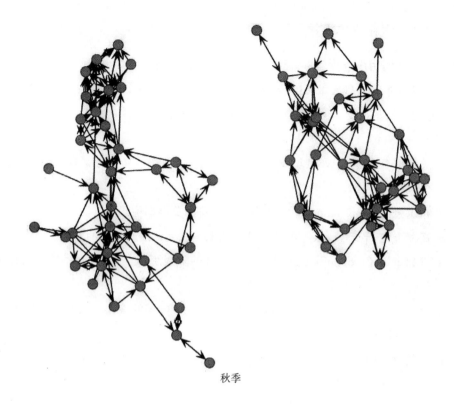

秋季

1.5 文本挖掘

文本挖掘基于文本数据，关注从大型自然语言文本中提取相关信息，并搜寻有意义的关系、语法关系以及提取实体或各项之间的语义关联。它也被定义为自动或半自动的文本处理。相关的算法包括文本聚类、文本分类、自然语言处理和网络挖掘。

文本挖掘的特征之一是数字与文本混合，或者用其他的观点来说，就是源数据集中包含了混合数据类型。文本通常是非结构化文件的集合，这将被预处理并变换成数值或者结构化的表示。在变换之后，大部分的数据挖掘算法都可以应用，并具有不错的效果。

文本挖掘的过程描述如下：

❑ 第一步准备文本语料库，包括报告、信函等。

❑ 第二步基于文本语料库建立一个半结构化的文本数据库。

❑ 第三步建立一个词语文档矩阵，包含词语的频率。

❑ 第四步进行进一步的分析，比如文本分析、语义分析、信息检索和信息总结。

1.5.1 信息检索和文本挖掘

信息检索帮助用户查找信息，经常与在线文档相关联，它着重于信息的获取、组织、存储、检索和分布。**信息检索**（Information Retrieval，IR）的任务是根据查询检索有关的文档。信息检索的基本技术是测量相似性。其基本步骤如下所述：

❑ 指定一个查询。下面是一些查询类型：

■ **关键词查询**（keyword query）：由一个关键词列表表示，用来查找包含至少一个关键词的文档。

■ **布尔查询**（boolean query）：由布尔运算符和关键词构建的查询。

■ **短语查询**（phrase query）：由组成短语的一系列词语所构成的查询。

■ **近邻查询**（proximity query）：短语查询的降级版本，它可以是关键词和短语的组合。

■ **全文档查询**（full document query）：一个完整文档的查询，用于寻找类似于查询文档的其他文档。

■ **自然语言问题**（natural language questions）：该查询有助于将用户的需求表示成一个自然语言问题。

❑ 搜索文档集。

❑ 返回相关文档的子集。

1.5.2 文本挖掘预测

预测文本的结果与预测数值数据挖掘一样耗力，并且有与数值分类相关联的相似问题。文本挖掘预测通常是一个分类问题。

文本预测需要先验知识，通过样本了解如何对新文档做出预测。一旦文本变换成数值数据，就可以应用预测方法。

1.6 网络数据挖掘

网络挖掘的目的是从网络超链接结构、网页和使用数据来发现有用的信息或知识。网络是作为数据挖掘应用输入的最大数据源之一。

网络数据挖掘基于信息检索、**机器学习**（Machine Learning，ML）、统计学、模式识别和数据挖掘。尽管很多数据挖掘方法可以应用于网络挖掘，但是由于异构的、半结构化的和非结构化的网络数据，所以网络挖掘不单纯是一个数据挖掘问题。

网络挖掘任务至少可以定义为 3 种类型：

❑ **网络结构挖掘**（web structure mining）：这有助于从超链接中寻找有关网址和页面的有用信息或者有价值的结构总结。

❑ **网络内容挖掘**（web content mining）：这有助于从网页内容中挖掘有用的信息。

❑ **网络用法挖掘**（web usage mining）：这有助于从网络日志中发现用户访问模式，以便检测入侵、欺诈和试图闯入的情况。

应用于网络数据挖掘的算法源自经典的数据挖掘算法。它们有很多相似之处，比如挖掘过程，但也存在差异。网络数据挖掘的特征使其不同于数据挖掘的原因如下：

❑ 数据是非结构化的。

❑ 网络信息不断变化和数据量不断增长。

❑ 任何数据类型都可以在网络上得到，如结构化和非结构化数据。

❑ 网络上存在异构信息，冗余页面也存在。

❑ 网络上链接着海量信息。

❑ 数据是噪声数据。

网络数据挖掘不同于一般数据挖掘是由于源数据集的巨大动态容量、极其多样化的数据格式等。与网络相关的最流行的数据挖掘任务如下：

❑ **信息提取**（Information Extraction，IE）：信息提取的任务包含以下步骤：词汇标记、句子分割、词性分配、命名实体识别、短语解析、句子解析、语义解释、话语解释、模板填充以及合并。

❑ **自然语言处理**（Natural Language Processing，NLP）：它研究人与人和人与机器互动的语言特征、语言能力和行为模型、用这样的模型实现过程的框架、过程 / 模型的迭代优化以及对结果系统的评估技术。与网络数据挖掘相关的经典自然语言处理任务包括标注、知识表示、本体论模型等。

❑ **问题回答**（question answering）：目标就是以自然语言形式从文本集中寻找问题的答案。它可以归类为槽填充、有限域以及具有更高难度的开放域。一个简单的例子就是基于预先定义的常见问题解答（FAQ）来回答客户的询问。

❑ **资源发现**（resource discovery）：比较流行的应用是优先收集重要的页面；使用链路拓扑结构、主题局部性和主题爬行进行相似性搜索；社区发现。

1.7 为什么选择 R

R 是一种高质量、跨平台、灵活且广泛使用的开源免费语言，可用于统计学、图形学、数学和数据科学。它由统计学家创建，并为统计学家服务。

R 语言包含了 5 000 多种算法以及全球范围内具备专业知识的数百万用户，并得到了充满活力且富有才华的社区贡献者的支持。它不仅可以使用完善的统计技术，也允许使用试验性的统计技术。

R 是一个用于统计计算与图形学的免费开源软件，其环境由 R-projects 维护，根据自由软件基金会（Free Software Foundation）的 GNU 通用公共授权（General Public License）的条款，R 语言的源代码是可以获得的。由于存在各种平台，如 Unix、Linux、Windows 以及 Mac OS，所以 R 语言也编译和开发了用于不同平台的版本。

R 的缺点有哪些

R 存在以下 3 个缺点：

❑ 一个缺点就是内存约束，因此它需要将整个数据集存储在内存（RAM）中以便实现高性能，这也称为内存分析。

❑ 类似于其他开源系统，任何人都可以创建和贡献经过严格测试或者未经过严格测试的程序包。换言之，贡献给 R 社区的程序包是容易出错的，需要更多的测试以确保代码的质量。

❑ R 语言似乎比某些其他商业语言慢。

幸运的是，存在可用于解决这些问题的程序包。有些方法可以归为并行解决方案，本质就是将程序的运行分散到多个 CPU 上，从而克服上面所列 R 语言的缺陷。有不少好的例子，比如 RHadoop，但并不局限于 RHadoop。你很快就会在下面的章节中看到更多关于这个话题的内容。你可以从综合 R 典藏网（Comprehensive R Archive Network，CRAN）下载 SNOW 添加包和 Parallel 添加包。

1.8 统计学

统计学研究数据收集、数据分析、数据解释或说明，以及数据表示。作为数据挖掘的基础，它们的关系将在下面章节中说明。

1.8.1 统计学与数据挖掘

第一次使用数据挖掘这个术语的人是统计学家。最初，数据挖掘是一个贬义词，指的是企图提取得不到数据支持的信息。在一定程度上，数据挖掘构建统计模型，这是一个基础分布，用于可视化数据。

数据挖掘与统计学有着内在的联系，数据挖掘的数学基础之一就是统计学，而且很多统计模型都应用于数据挖掘中。

统计模型可以用来总结数据集合，也可以用于验证数据挖掘结果。

1.8.2 统计学与机器学习

随着统计学和机器学习的发展，这两个学科成为一个统一体。统计检验被用来验证机器学习模型和评估机器学习算法，机器学习技术与标准统计技术可以有机结合。

1.8.3 统计学与 R 语言

R 是一种统计编程语言，它提供大量基于统计知识的统计函数。许多 R 语言添加包的贡献者来自统计学领域，并在他们的研究中使用 R 语言。

1.8.4 数据挖掘中统计学的局限性

在数据挖掘技术的演变过程中，由于数据挖掘中统计的局限性，人们在试图提取并不真正存在于数据中的信息时可能会犯错误。

Bonferroni 原则（Bonferroni's Principle）是一个统计定理，也被称为 Bonferroni 校正（Bonferroni correction）。你可以假设你找到的大部分结果都是事实上不存在的，即算法返回的结果大大超过了所假设的范围。

1.9 机器学习

应用于机器学习算法的数据集称为训练集，它由一组成对的数据（x，y）构成，称为训练样本。成对的数据解释如下：

- ❑ x：这是一个值向量，通常称为特征向量。每个值或者特征，要么是分类变量（这些值来自一组离散值，比如 {S，M，L}），要么是数值型。
- ❑ y：这是一个标签，表示 x 的分类或者回归值。

机器学习过程的目的就是发现一个函数 $y=f(x)$，它能最好地预测与每一个 x 值相关联的 y 值。原则上 y 的类型是任意的，但有一些常见的和重要的类型：

❑ y：这是一个实数，机器学习问题称为回归。

❑ y：这是一个布尔值，真或者假，通常分别写为 +1 和 −1。在这种情况下，机器学习问题称为二元分类。

❑ y：这是某些有限集合的成员。这个集合的成员可以认为是类，并且每个成员代表一类。此机器学习问题称为多级分类。

❑ y：这是某些潜在无限集合的成员，例如，x 的一个解析树，它被解析为一个句子。

到现在为止，在我们可以更直接地描述挖掘目标的情况下，还没有证明机器学习是成功的。机器学习和数据挖掘是两个不同的主题，尽管它们共享一些算法——特别是目标为提取信息时。在某些情况下，机器学习是有意义的，一个典型的情形就是当我们试图从数据集中寻找某些信息。

1.9.1　机器学习方法

算法的主要类型均列于下方，每个算法由函数 f 区分。

❑ **决策树**（decision tree）：这种形式的 f 呈树形，树的每个节点都有一个关于 x 的函数，用来确定必须搜索哪个子节点或者哪些子节点。

❑ **感知器**（perceptron）：这些是应用于向量 $x=\{x_1, x_2, \cdots, x_n\}$ 的分量的阈值函数。对每个 $i=1, 2, \cdots, n$，权重 w_i 与第 i 个分量相关联，且有一个阈值 $\sum_{i=1}^{n} w_i x_i \geq \theta$。如果阈值满足条件，输出为 +1，否则为 −1。

❑ **神经网络**（neural net）：这些是有感知器的非循环网络，某些感知器的输出用作其他感知器的输入。

❑ **基于实例的学习**（instance-based learning）：此方法使用整个训练集来表示函数 f。

❑ **支持向量机**（support-vector machine）：该类的结果是一个分类器，它对未知数据更准确。分类的目标是寻找最优超平面，通过最大化两个类的最近点之间的间隔将它们分隔。

1.9.2　机器学习架构

这里，机器学习的数据方面指的是处理数据的方式以及使用数据构建模型的方式。

❑ **训练和测试**（training and testing）：假定所有数据都适用于训练，分离出一小部分可用的数据作为测试集，使用余下的数据建立一个合适的模型或者分类器。

❑ **批处理与在线学习**（batch versus online learning）：对于批处理方式，在其进程的开始，整个训练集都是可得到的；对于在线学习，其训练集以数据流的形式获得，且对它进行处理后不能被再次访问。

❑ **特征选择**（feature selection）：这有助于找出那些用作学习算法输入的特征。

❑ **创建训练集**（creating a training set）：通过手动创建标签信息，从而把数据变为训练集。

1.10　数据属性与描述

属性（attribute）是代表数据对象的某些特征、特性或者维度的字段。

在大多数情况下，数据可以用矩阵建模或者以矩阵形式表示，其中列表示数据属性，行表示数据集中的某些数据记录。对于其他情况，数据不能用矩阵表示，比如文本、时间序列、图像、音频以及视频等。数据可以通过适当的方法，如特征提取，变换成矩阵。

数据属性的类型来自它的语境、域或者语义，有数值、非数值、分类数据类型以及文本数据。有两种适用于数据属性与描述的视角，它们在数据挖掘与 R 语言中被广泛使用，如下所述：

❑ **基于代数或者几何视角的数据**（data in algebraic or geometric view）：整个数据集可以建模为一个矩阵。线性代数和抽象代数在这里起着很重要的作用。

❑ **基于概率视角的数据**（data in probability view）：将观测数据视为多维随机变量。每一个数值属性就是一个随机变量，维度就是数据的维度。不论数值是离散的还是连续的，这里都可以运用概率论。

为了帮助读者更自然地学习 R 语言，我们将采用几何、代数以及概率视角的数据。

这里有一个矩阵的例子。列数由 m 确定，m 就是数据的维度；行数由 n 确定，n 就是数据集的大小。

$$A = \begin{pmatrix} x_{11} & \cdots & x_{1m} \\ \vdots & \ddots & \vdots \\ x_{n1} & \cdots & x_{nm} \end{pmatrix} = \begin{pmatrix} x_1 \\ \vdots \\ x_n \end{pmatrix} = \begin{pmatrix} X_1 \cdots X_m \end{pmatrix}$$

其中，x_i 表示第 i 行，表示一个 m 元组，如下所示：

$$x_i = \left(x_{i1}, \cdots, x_{im} \right)$$

X_j 表示第 j 列，表示一个 n 元组，如下所示：

$$X_j = \left(X_{1j}, \cdots, X_{nj} \right)$$

1.10.1　数值属性

因为数值数据是定量的且允许任意计算，所以它易于处理。数值数据与整数或者浮点数的性质是一样的。

来自有限集或者可数无限集的数值属性称为是**离散的**（discrete），例如一个人的年龄，它是从 1150 开始的整数值。来自任何实数值的其他属性称为是**连续的**（continuous）。主要有两种数值类型：

- ❑ **定距尺度**（interval-scaled）：这是以相同单位尺度测量的定量值，例如某些特定鱼类的重量，以国际度量标准，如克或者千克。
- ❑ **定比尺度**（ratio-scaled）：除了值之间的差值之外，该值可以通过值之间的比率进行计算。这是一个具有固定零点的数值属性，因此可以说一个值是另一个值的多少倍。

1.10.2　分类属性

分类属性的值来自一组符号构成的集域（集合），例如人类服装的大小被分类为 {S, M, L}。分类属性可以划分为两种类型：

- ❑ **名义**（nominal）：该集合中的值是无序的且不是定量的，这里只有相等运算是有意义的。
- ❑ **定序**（ordinal）：与定类类型相反，这里的数据是有序的。这里除了相等运算外，也可以进行不相等运算。

1.10.3　数据描述

基本描述可以用来识别数据的特征，区分噪声或者异常值。两种基本的统计描述如下所示：

- ❑ **集中趋势的度量**（measures of central tendency）：它测量数据分布的中间或中心位置：均值、中位数、众数、值域中点等。

❑ **数据的离散程度的度量**（measures of dispersion of the data）：它包括全距、四分位数、四分位数间距等。

1.10.4 数据测量

数据测量用于聚类、异常值检测和分类。它指的是近似性、相似性和差异性的度量。两个元组或数据记录之间的相似值的取值范围是 0 ~ 1 的一个实数值，数值越大，元组之间的相似度就越高。差异性的原理相反，差异性值越大，两个元组就越不相似。

对于一个数据集，数据矩阵在 $n \times m$ 阶矩阵（n 个元组和 m 个属性）中存储了 n 个数据元组：

$$\begin{pmatrix} x_{11} & \cdots & x_{1m} \\ \vdots & \ddots & \vdots \\ x_{n1} & \cdots & x_{nm} \end{pmatrix}$$

相异度矩阵存储了数据集中的所有 n 个元组的近似度集合，通常为一个 $n \times n$ 阶的矩阵。在下面的矩阵中，$d(i, j)$ 是两个元组之间的差异性。0 表示彼此之间高度相似或者高度接近，同样，1 表示完全不相同。数值越大，相异度就越高。

$$\begin{pmatrix} 0 & & & & \\ d(2,1) & 0 & & & \\ d(3,1) & d(3,2) & 0 & & \\ \vdots & \vdots & \vdots & & \\ d(n,1) & d(n,2) & \ldots & 0 \end{pmatrix}$$

大多数时候，相异度和相似度是相关的概念。相似性度量通常可以使用一个函数来定义，可以用相异性的度量来构建相似性，反之亦然。

这里有一张表，它列出了不同类型属性值常用的度量方法。

属性值类型	相异度
定类属性	两个元组之间的相异度可由下式计算：$d(i, j)=(p-m)/p$。其中，p 表示数据的维度，m 表示在相同状态下匹配的数目
定序属性	定类属性的处理与数值属性的处理类似，但在使用相应的方法之前，它首先需要进行变换
定距尺度	**欧几里得**（Euclidean）、**曼哈顿**（Manhattan）、**闵可夫斯基**（Minkowski）距离用于计算数据元组的相异度

1.11 数据清洗

数据清洗是数据质量的一部分，**数据质量**（Data Quality，DQ）的目标如下：

❑ 准确性（数据被正确记录）。

❑ 完整性（所有相关数据都被记录）。

❑ 唯一性（没有重复的数据记录）。

❑ 时效性（数据不过时）。

❑ 一致性（数据是一致的）。

数据清洗试图填补缺失值、发现异常值同时平滑噪声、修正数据中的不一致性。数据清洗通常是一个两步迭代的过程，由差异检测和数据变换构成。

在大多数情况下，数据挖掘的过程都包含如下两个步骤：

❑ 第一步对源数据集进行测试以便发现差异。

❑ 第二步是选择变换方法来修正数据（基于要修正属性的准确性以及新值与原始值的接近程度）。然后应用变换来修正差异。

1.11.1 缺失值

在从各类数据源获取数据的过程中，当某些字段为空或者包含空值时会存在许多情况。好的数据录入程序应该尽量避免或者最小化缺失值或错误的数目。缺失值与默认值是无法区分的。

如果某些字段存在缺失值，那么有一些解决方案——每种解决方案都有不同的考虑与缺陷，并且每种方案在特定情况下都是可用的。

❑ **忽略元组**：由于忽略元组，除了那个缺失值以外，你也不能使用剩余的值。这种方法只适用于当元组包含的一些属性有缺失值或者每个属性缺失值的百分比变化不大时。

❑ **人工填补缺失值**：对于大型数据集，该方法并不适用。

❑ **使用全局常量填补缺失值**（use a global constant to fill the value）：使用该常量填补缺失值可能会误导挖掘过程，并不十分安全。

❑ **使用属性集中趋势的度量来填补缺失值**：集中趋势的度量可用于对称数据分布。

❑ **使用属性均值或者中位数**：当给定元组时，对于属于同一类的所有样本使用属性均值或者中位数。

❑ **使用最可能的值来填补缺失值**：缺失值可以用回归或者基于推理的工具，比如贝叶斯形式或者决策树归纳所确定的数据进行填补。

最流行的方法是最后一种方案，它基于当前值以及源于其他属性的值。

1.11.2 垃圾数据、噪声数据或异常值

正如在物理测试或者统计测试中，噪声是发生在获取测量数据的测试过程中的一个随机误差。对于数据收集的过程，不管你使用什么方法，噪声都不可避免地存在。

用于数据平滑的方法如下所述。随着数据挖掘研究的发展，新的方法也不断出现。

❑ **分箱**：这是一个局部范围平滑的方法，在该方法中，使用近邻值计算特定箱子的终值。已排序的数据分布到多个箱子中，箱子中的每个值将被基于近邻值来计算出的值所取代。计算可以是箱子的中位数、箱子的边界，即箱子的边界数据。

❑ **回归**：回归的目标是找到最佳曲线或者多维空间中某个类似于曲线的东西（函数）。因此，其他值可以用于预测目标属性或者变量的值。在其他方面，这是一种比较流行的平滑方法。

❑ **分类或者异常检测**：分类器是发现噪声或者异常的另一种固有方法。在分类过程中，除了异常值外，大部分源数据将被分组到几个类中。

1.12 数据集成

数据集成将多个数据源中的数据合并，形成一个一致的数据存储。其常见的问题如下：

❑ **异构数据**：这没有普遍的解决方案。

❑ **不同的定义**（different definition）：这是内在的，即相同的数据具有不同的定义，如不同的数据库模式。

❑ **时间一致性**：这可以检查数据是否在相同的时间段收集。

❑ **旧数据**：这指的是从旧系统留下的数据。

❑ **社会学因素**：这限制了数据的收集。

处理上述问题也有一些方法：

❑ **实体识别问题**：模式整合和目标匹配是棘手的，这称为实体识别问题。

❑ **冗余与相关性分析**：有些冗余可以通关相关性分析来检测。给定两个属性，基于可用的数据，这样的分析可以测量一个属性影响另一个属性的强度。

❑ **元组重复**：在元组级可以检测重复，从而可以检测属性之间的冗余。

□ **数据值冲突的检测和分辨率**：在不同的抽象级，属性可能不同，其中一个系统中的一个属性可能在不同的抽象级被记录。

1.13 数据降维

在分析复杂的多变量数据集时，降低维度往往是必要的，因为这样的数据集总是以高维形式呈现。因此，举例来说，从大量变量来建模的问题和基于定性数据多维分析的数据挖掘任务。同样，有很多方法可以用来对定性数据进行数据降维。

降低维度的目标就是通过两个或者多个比原先矩阵小很多的矩阵来取代大型矩阵，但原始矩阵可以被近似重构。通常是选取这些小矩阵的乘积来重构原始的矩阵，这一般会损失一些次要信息。

1.13.1 特征值和特征向量

一个矩阵的特征向量是指该矩阵（下述方程中的 A）乘以该特征向量（下述方程中的 v）的结果为一个常数乘以该特征向量。这个常数就是关于该特征向量的特征值。一个矩阵可能有好几个特征向量。

$$Av=\lambda v$$

一个特征对就是特征向量及其特征值，也就是上式中的 (v, λ)。

1.13.2 主成分分析

用于降维的**主成分分析**（Principal Component Analysis，PCA）技术将多维空间中的点集所构成的数据视为一个矩阵，其中行对应于点，列对应于维度。

该矩阵与其转置的乘积具有特征向量和特征值，其主特征向量可以看作空间中的方向，且沿着该方向，点排成最佳的直线。第二特征向量表示的方向使得源于主特征向量的偏差在该方向上是最大的。

主成分分析降维是通过最小化表示矩阵中给定列数的均方根误差来近似数据，用其少数的特征向量来表示矩阵中的点。

1.13.3 奇异值分解

一个矩阵的**奇异值分解**（Singular Value Decomposition，SVD）由以下 3 个矩阵构成：

❏ *U*

❏ *Σ*

❏ *V*

U 和 *V* 是列正交的，其列向量是正交的且它们的长度为 1。*Σ* 是一个对角矩阵，其对角线上的值称为奇异值。原始矩阵等于 *U*、*Σ* 和 *V* 的转置的乘积。

当连接原始矩阵的行和列的概念较少时，奇异值分解是有用的。

当矩阵 *U* 和 *V* 通常与原始矩阵一样大时，采用奇异值分解降维。为了使用较少列的 *U* 和 *V*，删除 *U*、*V* 和 *Σ* 中与最小奇异值对应的列。这样根据修正后的 *U*、*Σ* 和 *V* 重构原始矩阵时就最小化了误差。

1.13.4 CUR 分解

CUR 分解旨在将一个稀疏矩阵分解成更小的稀疏矩阵，这些小矩阵的乘积近似于原始矩阵。

CUR 从一个给定的稀疏矩阵中选择一组列构成矩阵 *C* 和一组行构成矩阵 *R*，*C* 和 *R* 的作用就相当于奇异值分解中的 *U* 和 *V*^T。行与列是根据一个分布随机选择的，该分布取决于元素平方和的平方根。在矩阵 *C* 和 *R* 之间有一个方阵称为 *U*，它是由所选择的行与列的交集的伪逆（pseudo-inverse）所构造出来的。

 根据 CUR 解决方案，3 个分量矩阵 *C*、*U* 和 *R* 将被检索。这 3 个矩阵的乘积将近似于原始矩阵 *M*。在 R 社区中，有一个 R 添加包 rCUR 用于 CUR 矩阵分解。

1.14 数据变换与离散化

根据前面的内容，我们可以知道总有一些数据格式最适合特定的数据挖掘算法。数据变换是一种将原始数据变换成较好数据格式的方法，以便作为数据处理前特定数据挖掘算法的输入。

1.14.1 数据变换

数据变换程序将数据变换成可用于挖掘的恰当形式。它们如下所述：

❑ **平滑**：使用分箱、回归和聚类去除数据中的噪声。

❑ **属性构造**：根据给定的属性集，构造和添加新的属性。

❑ **聚合**：在汇总或者聚合中，对数据执行操作。

❑ **标准化**：这里，对属性数据进行缩放以便落入一个较小的范围。

❑ **离散化**：数值属性的原始值被区间标签或者概念标签所取代。

❑ **对名义数据进行概念分层**：这里，属性可以被推广到更高层次的概念中。

1.14.2 标准化数据的变换方法

为了避免依赖数据属性的测量单位的选择，数据需要标准化。这意味着将数据变换或者映射到一个较小的或者共同的范围内。在这个过程后，所有的属性获得相同的权重。有许多标准化的方法，我们看看其中的一些办法。

❑ **最小 – 最大标准化**：该方法保留了原始数据值之间的关系，对原始数据进行线性变换。当一个属性的实际最大值和最小值可用时，该属性将被标准化。

❑ **z 分数标准化**：这里，属性值的标准化是基于属性的均值和标准差。当对一个属性进行标准化时，如果其实际最大值和最小值是未知的，则该方法仍然是有效的。

❑ **十进制标准化**：该方法通过移动属性值的小数点将其标准化。

1.14.3 数据离散化

数据离散化通过值映射将数值数据变换成区间标签或者概念标签。离散化技术包括：

❑ **通过分箱将数据离散化**：这是一个根据指定数目的、分段的、自上而下的无监督分割技术。

❑ **根据直方图分析将数据离散化**：在该技术中，直方图将属性值分割在不相交的范围内，称为桶或者箱，同样为无监督的方法。

❑ **通过聚类分析将数据离散化**：在该技术中，应用聚类算法离散化数值属性，它通过将该属性的值分割到不同的类或者组中。

❑ **通过决策树分析将数据离散化**：这里，决策树采用自上而下的分割方法，它是一个有监督的方法。为了离散化数值属性，该方法选择具有最小熵的属性值作为分割点，并递归地划分所得的区间以实现分层离散化。

❑ **通过相关分析将数据离散化**：该技术采用自下而上的方法，通过发现最佳近邻区间，然后递归地将它们合并成更大的区间，这是一个有监督的方法。

1.15 结果可视化

可视化是数据描述的图形表示，以便一目了然地揭示复杂的信息，包括所有类型的结构化信息表示。它包括图形、图表、图解、地图、故事板以及其他结构化的图示。

好的可视化结果使你有机会通过专家的眼光来查看数据。可视化结果很美，不仅因为它们的美学设计，而且因为它们有效地生成见解和新理解的优雅的细节层。

数据挖掘的每个结果都可以通过使用算法进行可视化说明。可视化在数据挖掘过程中起着重要的作用。

创建最佳的可视化有 4 个主要特征：

❑ **新颖的**：可视化不能只作为一个信息渠道，而且还要提供一些新意，以新的风格呈现信息。

❑ **信息化的**：对这些因素和数据本身的注意将形成一个有效的、成功的且漂亮的可视化结果。

❑ **有效的**：好的可视化结果有明确的目标、清晰定义的信息或者用于表达信息的特殊视角。它必须尽可能简单明了，但不应该丢失必要的、相关的复杂性。这里无关的数据可以看作噪声。可视化应该反映它们所代表的数据的质量，揭示数据源中内在的和隐含的性质与关系，以便给最终使用者带来新的知识、见解和乐趣。

❑ **美感**：图形必须为呈现信息的主要目标服务，不仅仅是坐标轴、布局、形状、线条和排版，而且还要恰当使用这些工具。

可视化与 R 语言

R 语言提供了具有出版质量的图表和图形的制作。R 语言中包含图形设备，还有一些设备不属于标准 R 语言安装的一部分，可以通过命令行使用 R 语言中的图形。

R 语言图形设置的最重要特征就是在 R 中存在两种截然不同的图形系统。

❑ 传统的图形系统

❑ 网格图形系统

将对最合适的设施进行评估并将它们应用于本书列出的所有算法的每一个结果的可视化中。

R 图形系统和添加包中的函数可以分为如下几种类型：

❑ 生成完整图形的高级函数

❏ 给现有图形添加进一步输出的低级函数

❏ 与图形输出交互运行的函数

可以以多种图形格式产生 R 的图形输出，比如 PNG、JPEG、BMP、TIFF、SVG、PDF 和 PS。

为了加强你对本章知识的理解，这里有一些练习用于你检查相关的概念。

1.16 练习

现在，让我们来检测到目前为止我们所学习的知识：

❏ 数据挖掘和机器学习有什么区别？

❏ 什么是数据预处理？什么是数据质量？

❏ 在你的计算机上下载 R 并安装 R。

❏ 比较数据挖掘和机器学习。

1.17 总结

本章讨论了以下主题：

❏ 数据挖掘和可用的数据源。

❏ R 语言的简要概述以及使用 R 语言的必要性。

❏ 统计学和机器学习，以及它们与数据挖掘关系的描述。

❏ 两个标准的行业数据挖掘过程。

❏ 数据属性类型和数据测量方法。

❏ 数据预处理的 3 个重要步骤。

❏ 数据挖掘算法的可扩展性和效率，以及数据可视化的方法与必要性。

❏ 社交网络挖掘、文本挖掘和网络数据挖掘。

❏ 关于 RHadoop 和 Map Reduce 的简短介绍。

在下面的章节中，我们将学习如何使用 R 语言来处理数据并实现不同的数据挖掘算法。

频繁模式、关联规则和相关规则挖掘

本章中，我们将首先学习如何用 R 语言挖掘频繁模式、关联规则及相关规则。然后，我们将使用基准数据评估所有这些方法以便确定频繁模式和规则的兴趣度。本章内容主要涵盖以下几个主题：

- ❑ 关联规则和关联模式概述
- ❑ 购物篮分析
- ❑ 混合关联规则挖掘
- ❑ 序列数据挖掘
- ❑ 高性能算法

关联规则挖掘算法可以从多种数据类型中发现频繁项集，包括数值数据和分类数据。根据不同的适用环境，关联规则挖掘算法会略有差异，但大多算法都基于同一个基础算法，即 Apriori 算法。另一个基础算法称为 FP-Growth 算法，与 Apriori 算法类似。大多数的与模式相关的挖掘算法都是来自这些基础算法。

将找到的频繁模式作为一个输入，许多算法用来发现关联规则或相关规则。每个算法仅仅是基础算法一个变体。

随着不同领域中的数据集大小和数据类型的增长，提出了一些新的算法，如多阶段算法、多重散列算法及有限扫描算法。

2.1 关联规则和关联模式概述

数据挖掘的一个最受欢迎的任务就是发现源数据集之间的关系，它从不同的数据源（如购物篮数据、图数据或流数据）中发现频繁模式。

为了充分理解关联规则分析的目的，本章中所有算法均用 R 语言编写，这些代码使用算法的标准 R 添加包（如 arules 添加包）进行说明。

2.1.1 模式和模式发现

在众多的领域应用中，频繁模式挖掘经常用于解决各种问题，比如大型购物中心的市场调查可以通过分析购物交易数据来完成。

频繁模式是经常出现在数据集中的模式。频繁模式挖掘的数据类型可以是项集、子序列或子结构。因此，频繁模式也可称为：

❑ 频繁项集

❑ 频繁子序列

❑ 频繁子结构

接下来的章节将详细介绍这 3 种频繁模式。

当从给定的数据集中发现重复出现的有意义的规则或关系时，这些新发现频繁模式将作为一个重要的平台。

为了提高挖掘数据集的效率，提出了不同的模式。本章列举了以下几种模式，后面将给出它们详细的定义。

❑ 封闭模式

❑ 最大模式

❑ 近似模式

❑ 紧凑模式

❑ 判别式频繁模式

2.1.1.1 频繁项集

频繁项集的概念来源于真实的购物篮分析。在诸如亚马逊等商店中，存在很多的订单或交易数据。当客户进行交易时，亚马逊的购物车中就会包含一些项。商店店主可以通过分析这些大量的购物事务数据，发现顾客经常购买的商品组合。据此，可以简单地定义零个或多个项的组合为项集。

我们把一项交易称为一个购物篮，任何购物篮都有组元素。将变量 s 设置为支持阈值，我们可以将它和一组元素在所有的购物篮中出现的次数做比较，如果这组元素在所有购物篮中出现的次数不低于 s，我们就将这组元素称为一个频繁项集。

若一个项集包含有 k 个项，则该项集称为 k 项集，其中 k 是非零整数。项集 X 的支持计数记为 support_count(X)，表示给定数据集中包含项集 X 的计数。

给定一个预先定义的最小支持度阈值 s，如果 support_count(X) ≥ s，则称项集 X 为频繁项集。最小支持度阈值 s 是一个可以自定义的参数，可以根据领域专家或经验进行调整。

频繁项集也经常应用于许多领域，如下表所示。

	项	篮子	说明
相关概念	词	文档	
剽窃	文档	句子	
生物标记物	生物标记物和疾病	病人的数据集	

如果某个项集是频繁的，那么该项集的任何一个子集也一定是频繁的。这称为 Apriori 原理，它是 Apriori 算法的基础。Apriori 原理的直接应用就是用来对大量的频繁项集进行剪枝。

影响频繁项集数目的一个重要因素是最小支持计数：最小支持计数越小，频繁项集的数目也越多。

为了优化频繁项集生成算法，人们提出一些其他概念：

❑ **闭项集**：给定数据集 S，如果 $\forall Y \in S, X \subset Y$，则 support_count ($X$) ≠ support_count ($Y$)，那么 X 称作闭项集。换言之，如果 X 是频繁的，则 X 是频繁闭项集。

❑ **最大频繁项集**：如果 $\forall Y \in S, X \subset Y$，$X$ 是最大频繁项集，则 Y 是非频繁的。换言之，Y 没有频繁超集。

❑ **约束频繁项集**：若频繁项集 X 满足用户指定的约束，则 X 称为约束频繁项集。

❑ **近似频繁项集**：若项集 X 只给出待挖掘数据近似的支持计数，则称为近似频繁项集。

❑ **top-k 频繁项集**：给定数据集 S 和用户指定的整数 k，若 X 是前 k 个频繁项集，则 X 称为 top-k 频繁项集。

下面给出一个事务数据集的例子。所有项集仅包含集合 $D = \{I_k \mid \{k \in [1,7]\}$ 中的项。假定最小支持度计数为 3。

tid（交易号）	项集或交易中的项列表
T001	I_1, I_2, I_4, I_7
T002	I_2, I_3, I_6
T003	I_1, I_4, I_6
T004	I_1, I_2, I_5
T005	I_2, I_3, I_4
T006	I_2, I_5, I_6
T007	I_2, I_4, I_7
T008	I_1, I_7
T009	I_1, I_2, I_3
T010	I_1, I_2, I_4

那么，可以得到频繁项集 $L_1 = \{I_k \mid k \in \{1, 2, 4, 6, 7\}\}$ 和 $L_2 = \{\{I_1, I_2\}, \{I_1, I_4\}, \{I_2, I_4\}\}$。

2.1.1.2 频繁子序列

频繁子序列是元素的一个有序列表，其中每个元素包含至少一个事件。一个例子是某网站页面访问序列，具体而言，它是某个用户访问不同网页的顺序。下面给出了频繁子序列的两个例子。

- ❑ **消费者数据**：某些客户在购物商城连续的购物记录可作为序列，购买的每个商品作为事件项，用户一次购买的所有项作为元素或事务。
- ❑ **网页使用数据**：访问 WWW 历史记录的用户可作为一个序列，每个 UI/ 页面作为一个事件或项目，元素或事务定义为用户通过一次鼠标的单击访问的页面。

序列中包含的项数定义为序列的长度。长度为 k 的序列定义为 k 序列。序列的大小定义为序列中项集的数目。当满足 $\exists 1 \leqslant j_1 \leqslant j_2 \leqslant \cdots \leqslant j_{r-1} \leqslant j_r \leqslant v$，且 $a_1 \sqsubseteq b_{j_1}, a_2 \sqsubseteq b_{j_2}, \cdots, a_r \sqsubseteq b_{j_r}$，则称序列 $s_1 = <a_1 a_2 \cdots a_r>$ 为序列 $s_2 = <b_1 b \cdots b_v>$ 的子序列或 s_2 为 s_1 的超序列。

2.1.1.3 频繁子结构

在某些领域中，研究任务可借助图论来进行建模。因此，需要挖掘其中常见的子图（子树或子格）。例如：

- ❑ **网络挖掘**：网页视为图的顶点，网页之间的链接视为图的边，用户的页面访问记录用来构造图。

❑ **网络计算**：网络上具有计算能力的任何设备作为顶点，这些设备之间的相互连接作为边。由这些设备和设备之间的相互连接组成的整个网络视为图。

❑ **语义网络**：XML 元素视为顶点，元素之间的父/子关系视为边。所有的 XML 文件可视为图。

图 G 表示为：$G=(V, E)$，其中 V 表示顶点的集合，E 表示边的集合。当 $V' \subseteq V$ 且 $E' \subseteq E$，图 $G'=(V', E')$ 称为 $G=(V, E)$ 的子图。下图给出一个子图的例子。图中，左边是原始图及其包含的顶点和边，右边是删除多条边（或删除多个顶点）后的子图。

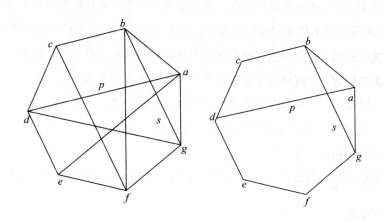

2.1.2 关系或规则发现

基于已发现的频繁模式，可以挖掘关联规则。根据关系的兴趣度的不同侧重点，可以进一步研究以下两种类型的关系：关联规则和相关规则。

2.1.2.1 关联规则

关联分析可以从海量数据集中发现有意义的关系，这种关系可以表示成关联规则的形式或频繁项集的形式。具体的关联分析算法将在后面一个章节中给出。

关联规则挖掘旨在发现给定数据集（事务数据集或其他序列－模式－类型数据集）中的结果规则集合。给定预先定义的最小支持度计数 s 和置信度 c，给定已发现的规则 $X \rightarrow Y$ support_count $(X \rightarrow Y) \geq s$ 且 confidence $(X \rightarrow Y) \geq c$。

当 $X \cap Y = \phi$（X、Y 不相交），则 $X \rightarrow Y$ 是关联规则。规则的兴趣度通过**支持度**（support）和**置信度**（confidence）来测量。支持度表示数据集中规则出现的频率，而置信度测量在 X 出现的前提下，Y 出现的可能性。

对于关联规则，衡量规则可用性的核心度量是规则的支持度和置信度。两者之间的关系是：

$$\text{confidence}(X \to Y) = P(Y|X) = \frac{P(X \cup Y)}{P(X)} = \frac{\text{support\_count}(X \cup Y)}{\text{support\_count}(X)}$$

support_count(X) 是数据集中包含 X 的项集数。

通常，在 support_count(X) 中，支持度和置信度的值表示为 0 ～ 100 的百分数。

给定最小支持度阈值 s 和最小置信度阈值 c。如果 support_count $(X \to Y) > s$ 且 confidence $(X \to Y) \geq c$，则关联规则 $X \to Y$ 称为强规则。

对于关联规则含义的解释应当慎重，尤其是当不能确定地判断规则是否意味着因果关系时。它只说明规则的前件和后件同时发生。以下是可能遇到不同种类的规则：

□ **布尔关联规则**：若规则包含项出现的关联关系，则称为布尔关联规则。

□ **单维关联规则**：若规则最多包含一个维度，则为单维关联规则。

□ **多维关联规则**：若规则至少涉及两个维度，则为多维关联规则。

□ **相关关联规则**：若关系或规则是通过统计相关进行测量的，满足给定的相关性规则，则称为相关关联规则。

□ **定量关联规则**：若规则中至少一个项或属性是定量的，则称为定量关联规则。

2.1.2.2 相关规则

在某些情况下，仅仅凭借支持度和置信度不足以过滤掉那些无意义的关联规则。此时，需要利用支持计数、置信度和相关性对关联规则进行筛选。

计算关联规则的相关性有很多方法，如卡方分析、全置信度分析、余弦分析等。对于 k 项集 $X = \{i_1, i_2 \cdots, i_k\}$，$X$ 的全置信度值定义为：

$$\text{all\_confidence}(X) = \text{support\_count}(X) / \max\{\text{support\_count}(i_j) \vee \forall i_j \in X\}$$

$$\text{lift}(X \to Y) = \frac{\text{confidence}(X \to Y)}{P(Y)} = P(X \cup Y) / (P(X)P(Y))$$

2.2 购物篮分析

购物篮分析（Market basket analysis）是用来挖掘消费者已购买的或保存在购物车中物品组合规律的方法。这个概念适用于不同的应用，特别是商店运营。源数据集是一个巨大的数据记录，购物篮分析的目的发现源数据集中不同项之间的关联关系。

2.2.1 购物篮模型

购物篮模型是说明购物篮和其关联的商品之间的关系的模型。来自其他研究领域的许多任务与该模型有共同点。总言之，购物篮模型可作为研究的一个最典型的例子。

购物篮也称为事务数据集，它包含属于同一个项集的项集合。

Apriori 算法是逐层挖掘项集的算法。与 Apriori 算法不同，Eclat 算法是基于事务标识项集合交集的 TID 集合交集项集的挖掘算法，而 FP-Growth 算法是基于频繁模式树的算法。TID 集合表示交易记录标识号的集合。

2.2.2 Apriori 算法

作为常见的算法设计策略，Apriori 算法挖掘关联规则可以分解为以下两个子问题：

❏ 频繁项集生成

❏ 关联规则生成

该分解策略大大降低了关联规则挖掘算法的搜索空间。

2.2.2.1 输入数据特征和数据结构

作为 Apriori 算法的输入，首先需要将原始输入项集进行二值化，也就是说，1 代表项集中包含有某项，0 代表不包含某项。默认假设下，项集的平均大小是比较小的。流行的处理方法是将输入数据集中的每个唯一的可用项映射为唯一的整数 ID。

项集通常存储在数据库或文件中并需要多次扫描。为控制算法的效率，需要控制扫描的次数。在此过程中，当项集扫描其他项集时，需要对感兴趣的每个项集的表示形式计数并存储，以便算法后面使用。

在研究中，发现项集中有一个单调性特征。这说明每个频繁项集的子集也是频繁的。利用该性质，可以对 Apriori 算法过程中的频繁项集的搜索空间进行剪枝。该性质也可以用于压缩与频繁项集相关的信息。这个性质使频繁项集内的小频繁项集一目了然。例如，从频繁 3 项集中可以轻松地找出包含的 3 个频繁 2 项集。

 当我们谈论 k 项集时，我们指的是包含 k 个项的项集。

购物篮模型表采用**水平格式**，它包含一个事务 ID 和多个项，它是 Apriori 算法的基本输入格式。相反，还有另一种格式称为**垂直格式**，它使用项 ID 和一系列事务 ID 的集合。垂直格式数据的挖掘算法留作练习。

2.2.2.2 Apriori 算法

在 Apriori 算法频繁项集产生过程中，主要包含以下两种操作：**连接和剪枝**。

 一个主要的假定是：任何项集中的项是按字母序排列的。

□ **连接**：给定频繁 k-1 项集 L_{k-1}，为发现频繁 k 项集 L_k，需要首先产生候选 k 项集（记为 C_k）。

$$C_k = L_{k-1} \bowtie L_{k-1} = \{l' | \exists\, l_1, l_2 \in L_{k-1}, \forall\, m \in [1, k-2], l_1[m]$$
$$= l_2[m] \text{ 且 } l_1[k-1] \leq l_2[k-1],$$
$$\text{那么 } l' < l_1[1], l_1[2], ..., l_1[k-2], l_1[k-1], l_2[k-1] >\}$$

□ **剪枝**：候选项集 C_k 通常包含频繁项集 $L_k \subseteq C_k$，为减少计算开销。这里利用单调性质对 C_k 进行剪枝。

$$\forall c \in C_k, \exists\, c_{k-1} \text{是} a(k-1) - c \text{的子集，且 } c_{k-1} \notin L_{k-1} \Rightarrow c_k \notin L_k$$

以下是频繁项集产生的伪代码：

```
APRIORI (D, I, minsup)
F ← ∅
C⁽¹⁾ ← {∅}
foreach i ∈ I do  Add i as child of ∅ in C⁽¹⁾ with sup(i) ← 0
k ← 1
while C⁽ᵏ⁾ ≠ ∅ do
    COMPUTESUPPORT (C⁽ᵏ⁾, D)
    foreach  leaf X ∈ C⁽ᵏ⁾ do
        if sup(X) ≥ minsup then  F ← F ∪ {(X, sup(X))}
        else  remove X from C⁽ᵏ⁾
    C⁽ᵏ⁺¹⁾ ← EXTENDPREFIXTREE (C⁽ᵏ⁾)
    k ← k + 1
return F⁽ᵏ⁾

COMPUTESUPPORT (C⁽ᵏ⁾, D):
foreach ⟨t, i(t)⟩ ∈ D do
    foreach k-subset X ⊆ i(t) do
        if X ∈ C⁽ᵏ⁾ then  sup(X) ← sup(X) + 1
```

EXTENDPREFIXTREE $(\mathcal{C}^{(k)})$:
foreach *leaf* $X_a \in \mathcal{C}^{(k)}$ **do**
　　foreach *leaf* $X_b \in$ SIBLING(X_a), *such that* $b > a$ **do**
　　　　$X_{ab} \leftarrow X_a \cup X_b$

　　　　if $X_j \in \mathcal{C}^{(k)}$, **for all** $X_j \subset X_{ab}$, *such that* $|X_j| = |X_{ab}| - 1$ **then**
　　　　　　Add X_{ab} as child of X_a with $sup(X_{ab}) \leftarrow 0$

　　if *no extensions from* X_a **then remove** X_a *from* $\mathcal{C}^{(k)}$
return $\mathcal{C}^{(k)}$

2.2.2.3　R 语言实现

这里给出 Apriori 频繁项生成集算法的 R 语言代码。记事务数据集为 D，最小支持计数阈值为 MIN_SUP，算法的输出为 L，它是数据集 D 中的频繁项集。

Apriori 函数的输出可以用 R 添加包 arules 来验证，该包可以实现包含 Apriori 算法和 Eclat 算法的模式挖掘和关联规则挖掘。Apriori 算法的 R 代码如下：

```
Apriori <- function (data, I, MIN_SUP, parameter = NULL){
  f <- CreateItemsets()
  c <- FindFrequentItemset(data,I,1, MIN_SUP)
  k <- 2
  len4data <- GetDatasetSize(data)
  while( !IsEmpty(c[[k-1]]) ){
      f[[k]] <- AprioriGen(c[k-1])
      for( idx in 1: len4data ){
          ft <- GetSubSet(f[[k]],data[[idx]])
          len4ft <- GetDatasetSize(ft)
          for( jdx in 1:len4ft ){
             IncreaseSupportCount(f[[k]],ft[jdx])
          }
      }
      c[[k]] <- FindFrequentItemset(f[[k]],I,k,MIN_SUP)
      k <- k+1
  }
  c
}
```

为了检验上面的 R 代码，可以应用 arules 添加包对算法输出进行验证。

Arules 添加包（Hahsler et al.，2011）提供了挖掘频繁项集、最大频繁项集、封闭频繁项集以及关联规则等功能。可用的算法包含 Apriori 算法和 Eclat 算法。此外，arulesSequence 添加包（基于 arules 添加包）中还包含 cSPADE 算法。

给定项集：

$$D = \{\text{tinnedfruit}, \text{tuna}, \text{milk}, \text{coke}, \text{water}, \text{biscuits}, \text{oil}, \text{soap}\}$$

首先，利用预先定义的排序算法将 D 中的项组织为有序列表，这里，简单地根据字母顺序将各项进行排序，可得到：

$$D = \begin{cases} I_1 = \text{biscuits}, I_2 = \text{coke}, I_3 = \text{milk}, I_4 = \text{oil}, \\ I_5 = \text{soap}, I_6 = \text{tinnedfruit}, I_7 = \text{tuna} \end{cases} = \{I_k | k \in [1,7]\}$$

假定最小支持计数为 5，输入数据如下表所示：

tid（事务 id）	项集或事务中的项目列表
T001	I_1, I_2, I_4, I_7
T002	I_2, I_3, I_6
T003	I_1, I_4, I_6
T004	I_1, I_2, I_5
T005	I_2, I_3, I_4
T006	I_2, I_5, I_6
T007	I_2, I_4, I_7
T008	I_1, I_7
T009	I_1, I_2, I_3
T010	I_1, I_2, I_4

在对数据集 D 的第一次扫描中，可以得到每个候选 1 项集 C_1 的支持计数。候选项集及其支持计数为：

项集	支持计数
$\{I_1\}$	6
$\{I_2\}$	8
$\{I_3\}$	2
$\{I_4\}$	5
$\{I_5\}$	2
$\{I_6\}$	3
$\{I_7\}$	3

在将支持计数与最小支持计数比较后，可以得到频繁 1 项集 L_1：

项集	支持计数
$\{I_1\}$	6
$\{I_2\}$	8
$\{I_4\}$	5

通过 L_1，产生候选项集 C_2，$C_2=\{\{I_1, I_2\}, \{I_1, I_4\}, \{I_2, I_4\}\}$。

项集	支持计数
$\{I_1, I_2\}$	4
$\{I_1, I_4\}$	3
$\{I_2, I_4\}$	4

将支持计数与最小支持数比较后，可以得到 $L_2=\varnothing$。然后，算法终止。

2.2.2.4　Apriori 算法的变体

为提升 Apriori 算法的效率和可扩展性，人们提出了 Apriori 算法的一些变体。下面介绍几种比较代表性的 Apriori 改进算法。

2.2.3　Eclat 算法

Apriori 算法循环的次数与模式的最大长度是一样的。Eclat（Equivalence CLASS Transformation）算法是为了减少循环次数而设计的算法。在 Eclat 算法中，数据格式不再是 `<tid, item id set>`（<事务编号，项 ID 集合>），而是 `<item id, tid set>`（<项 ID，事务编号集合>）。Eclat 算法的数据输入格式是样本购物篮文件中的垂直格式，或者从事务数据集中发现频繁项集。在该算法中，还使用 Apriori 性质从 k 项集生成频繁 $k+1$ 项集。

通过求集合的交集来生成候选项集。正如前文所述，垂直格式结构称为事务编号集合（tidset）。如果与某个项目 I 相关的所有事务编号都存储在一个垂直格式事务集合中，那么该项集就是特定项的事务编号集合。

通过求事务编号集合的交集来计算支持计数。给定两个 tidset X 和 Y，$X \cap Y$ 交集的支持计数是 $X \cap Y$ 的基数。伪代码是 $F \leftarrow \phi$，$P \leftarrow \{<i,t(i)>|i \in I, |t(i)| \geqslant \text{MIN\_SUP}\}$。

foreach $\langle X_a, \mathbf{t}(X_a) \rangle \in P$ **do**
　　$\mathcal{F} \leftarrow \mathcal{F} \cup \{(X_a, sup(X_a))\}$
　　$P_a \leftarrow \emptyset$
　　foreach $\langle X_b, \mathbf{t}(X_b) \rangle \in P$, with $X_b > X_a$ **do**
　　　　$X_{ab} = X_a \cup X_b$

$$\mathbf{t}(X_{ab}) = \mathbf{t}(X_a) \cap \mathbf{t}(X_b)$$
$$\mathbf{if}\ sup(X_{ab}) \geq minsup\ \mathbf{then}$$
$$P_a \leftarrow P_a \cup \left\{ \langle X_{ab}, \mathbf{t}(X_{ab}) \rangle \right\}$$

$$\mathbf{if}\ P_a \neq \emptyset\ \mathbf{then}\ \text{ECLAT}\ (P_a, minsup, \mathcal{F})$$

R 语言实现

下面给出 Eclat 算法挖掘频繁模式的 R 语言代码。在调用该函数前，需要将 f 设为空，而 p 是频繁 1 项集。

```
Eclat  <- function (p,f,MIN_SUP){
  len4tidsets <- length(p)
  for(idx in 1:len4tidsets){
    AddFrequentItemset(f,p[[idx]],GetSupport(p[[idx]]))
    Pa <- GetFrequentTidSets(NULL,MIN_SUP)
    for(jdx in idx:len4tidsets){
      if(ItemCompare(p[[jdx]],p[[idx]]) > 0){
        xab <- MergeTidSets(p[[idx]],p[[jdx]])
        if(GetSupport(xab)>=MIN_SUP){
          AddFrequentItemset(pa,xab,
          GetSupport(xab))
        }
      }
    }
    if(!IsEmptyTidSets(pa)){
      Eclat(pa,f,MIN_SUP)
    }
  }
}
```

这里给出一个例子的运行结果。其中，I={beer,chips,pizza,wine}。与之对应的水平和垂直格式的事务数据集如下表所示。

tid	X
1	{beer, chips, wine}
2	{beer, chips}
3	{pizza, wine}
4	{chips, pizza}

x	tidset
beer	{1,2}
chips	{1,2,4}
pizza	{3,4}
wine	{1,3}

该信息的二进制格式为：

tid	beer	chips	pizza	wine
1	1	1	0	1
2	1	1	0	0
3	0	0	1	1
4	0	1	1	0

在调用 Eclat 算法之前，设置最小支持度 MIN_SUP=2, F={}，则有：

$$P \leftarrow \{< beer,12 >,< chips,124 >,< pizza,34 >,< wine,13 >\}$$

算法运行过程如下图所示。经过两次迭代后，可以得到所有的频繁事物编号集合，{<beer,1 2>,<chips,1 2 4>,<pizza, 3 4>,<wine, 1 3>,<{beer, chips}, 1 2>}。

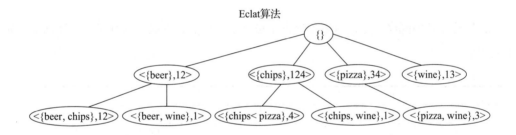

可以使用 R 添加包 arules 对 Eclat 函数的结果进行验证。

2.2.4　FP-growth 算法

FP-growth 算法是在大数据集中挖掘频繁项集的高效算法。FP-growth 算法与 Apriori 算法的最大区别在于，该算法不需要生成候选项集，而是使用模式增长策略。频繁模式（FP）树是一种数据结构。

2.2.4.1　输入数据特征和数据结构

算法采用一种垂直和水平数据集混合的数据结构，所有的事务项集存储在树结构中。该算法使用的树结构称为频繁模式树。这里，给出了该结构生成的一个例子。其中，$I=\{A,B,C,D,E,F\}$，事务数据集 D 如下表所示。FP 树的构建过程如下表所示。FP 树中的每个节点表示一个项目以及从根节点到该节点的路径，即节点列表表示一个项集。这个项集以及项集的支持信息包含在每个节点中。

tid	X
1	{A, B, C, D, E}
2	{A, B, C, E}
3	{A, D, E}
4	{B, E, D}
5	{B, E, C}
6	{E, C, D}
7	{E, D}

排序的项目顺序如下表所示。

项目	E	D	C	B	A
支持计数	7	5	4	4	3

根据这个新的降序顺序，对事务数据集进行重新记录，生成新的有序事务数据集，如下表所示：

tid	X
1	{E, D, C, B, A}
2	{E, C, B, A}
3	{E, D, A}
4	{E, D, B}
5	{E, C, B}
6	{E, D, C}
7	{E, D}

随着将每个项集添加到 FP 树中，可生成最终的 FP 树，FP 树的生成过程如下图所示。在频繁模式（FP）树生成过程中，同时计算各项的支持信息，即随着节点添加到频繁模式树的同时，到节点路径上的项目的支持计数也随之增加。

将最频繁项放置在树的顶部，这样可以使树尽可能紧凑。为了开始创建频繁模式树，首先按照支持计数降序的方式对项进行排序。其次，得到项的有序列表并删除不频繁项。然后，根据这个顺序对原始事务数据集中的每个项重新排序。

给定最小支持度 MIN_SUP=3，根据这个逻辑可以对下面的项集进行处理。

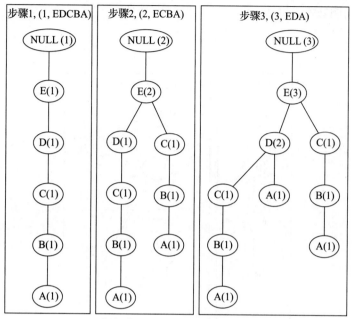

FP树创建过程，步骤1～步骤3

下面是执行步骤 4 和步骤 7 后的结果，算法的过程非常简单和直接。

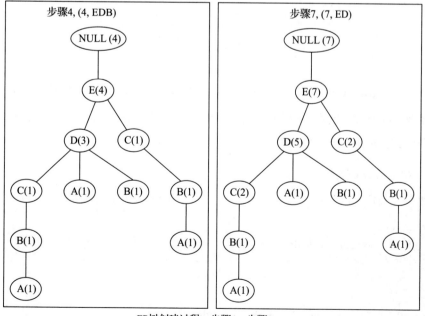

FP树创建过程，步骤4～步骤7

头表通常与频繁模式树结合在一起。头指针表的每个记录存储指向特定节点或项目的链接。

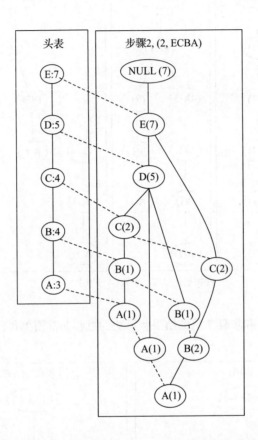

作为 FP-growth 算法的输入，频繁模式树用来发现频繁模式或频繁项集。这里的例子是以逆序或从叶子节点删除 FP 树的项目，因此，顺序是 A, B, C, D, E。按照这种顺序，可以为每个项目创建投影频繁模式树。

2.2.4.2 FP-growth 算法

这里是递归定义的伪代码，其输入值为：$R \leftarrow \text{GenerateFPTree}(D), P \leftarrow \phi, F \leftarrow \phi$

$\mathcal{F}[I] := \{\}$
for all $i \in \mathcal{I}$ occurring in $\mathcal{D}$ **do**
$\quad \mathcal{F}[I] := \mathcal{F}[I] \cup \{I \cup \{i\}\}$

$\mathcal{D}^i := \{\}$
$H := \{\}$
for all $j \in \mathcal{I}$ occurring in $\mathcal{D}$ such that $j > i$ **do**

$$\textbf{if }support(I \cup \{i, j\}) \geqslant \sigma \textbf{ then}$$
$$\quad H := H \cup \{j\}$$
$$\textbf{end if}$$
$$\textbf{end for}$$
$$\textbf{for all }(tid, X) \in \mathcal{D} \textbf{ with }i \in X \textbf{ do}$$
$$\quad \mathcal{D}^i := \mathcal{D}^i \cup \{(tid, X \cap H)\}$$
$$\textbf{end for}$$
$$// \text{ Depth-first recursion}$$
$$\text{Compute } \mathcal{F}[I \cup \{i\}](\mathcal{D}^i, \sigma)$$
$$\mathcal{F}[I] := \mathcal{F}[I] \cup \mathcal{F}[I \cup \{i\}]$$
$$\textbf{end for}$$

2.2.4.3　R 语言实现

FP-growth 算法的主要部分的 R 语言实现代码如下所示。

```
FPGrowth  <- function (r,p,f,MIN_SUP){
    RemoveInfrequentItems(r)
    if(IsPath(r)){
       y <- GetSubset(r)
       len4y <- GetLength(y)
       for(idx in 1:len4y){
          x <- MergeSet(p,y[idx])
          SetSupportCount(x, GetMinCnt(x))
          Add2Set(f,x,support_count(x))
       }
    }else{
       len4r <- GetLength(r)
       for(idx in 1:len4r){
          x <- MergeSet(p,r[idx])
          SetSupportCount(x, GetSupportCount(r[idx]))
          rx <- CreateProjectedFPTree()
          path4idx <- GetAllSubPath(PathFromRoot(r,idx))
          len4path <- GetLength(path4idx)
          for( jdx in 1:len4path ){
            CountCntOnPath(r, idx, path4idx, jdx)
            InsertPath2ProjectedFPTree(rx, idx, path4idx, jdx,
              GetCnt(idx))
          }
          if( !IsEmpty(rx) ){
            FPGrowth(rx,x,f,MIN_SUP)
          }
       }
    }
}
```

2.2.5　基于最大频繁项集的 GenMax 算法

GenMax 算法用来挖掘**最大频繁项集**（Maximal Frequent Itemset，MFI）。算法应用了最大性特性，即增加多步来检查最大频繁项集而不只是频繁项集。这部分基于 Eclat 算法的事物编号集合交集运算。差集用于快速频繁检验。它是两个对应项目的事物编号集合的差。

可以通过候选最大频繁项集的定义来确定它。假定最大频繁项集记为 M，若 X 属于 M，且 X 是新得到频繁项集 Y 的超集，则 Y 被丢弃；然而，若 X 是 Y 的子集，则将 X 从集合 M 中移除。

下面是调用 GenMax 算法前的伪代码，

$$M \leftarrow \phi,\ 且\ P \leftarrow \{<X_i, t(X_i)>|X_i \in D,\ \text{support\_count}(X_i) \geqslant \text{MIN\_SUP}\}$$

其中，D 是输入事务数据集。

GENMAX $(P, minsup, \mathcal{M})$:
$Y \leftarrow \bigcup X_i$
if $\exists Z \in \mathcal{M},\ such\ that\ Y \subseteq Z$ **then**
    return
foreach $\langle X_i, \mathbf{t}(X_i) \rangle \in P$ **do**
    $P_i \leftarrow \emptyset$
    foreach $\langle X_j, \mathbf{t}(X_j) \rangle \in P,\ with\ j > i$ **do**
        $X_{ij} \leftarrow X_i \cup X_j$
        $\mathbf{t}(X_{ij}) = \mathbf{t}(X_i) \cap \mathbf{t}(X_j)$
        if $sup(X_{ij}) \geq minsup$ **then** $P_i \leftarrow P_i \cup \{\langle X_{ij}, \mathbf{t}(X_{ij}) \rangle\}$
    if $P_i \neq \emptyset$ **then** GENMAX $(P_i, minsup, \mathcal{M})$
    else if $\not\exists Z \in \mathcal{M}, X_i \subseteq Z$ **then**
        $\mathcal{M} = \mathcal{M} \cup X_i$

R 语言实现

GenMax 算法的主要部分的 R 语言代码如下所示：

```
GenMax  <- function (p,m,MIN_SUP){
  y <- GetItemsetUnion(p)
  if( SuperSetExists(m,y) ){
    return
  }
  len4p <- GetLenght(p)
  for(idx in 1:len4p){
    q <- GenerateFrequentTidSet()
    for(jdx in (idx+1):len4p){
      xij <- MergeTidSets(p[[idx]],p[[jdx]])
        if(GetSupport(xij)>=MIN_SUP){
          AddFrequentItemset(q,xij,GetSupport(xij))
        }
    }
    if( !IsEmpty(q) ){
      GenMax(q,m,MIN_SUP)
    }else if( !SuperSetExists(m,p[[idx]]) ){
    Add2MFI(m,p[[idx]])
    }
  }
}
```

2.2.6　基于频繁闭项集的 Charm 算法

在挖掘频繁闭项集过程中，需要对项集进行封闭检查。通过频繁闭项集，可以得到具有相同支持度的最大频繁模式。这样可以对冗余的频繁模式进行剪枝。Charm 算法还利用垂直事物编号集合的交集运算来进行快速的封闭检查。

下面是调用 Charm 算法前的伪代码，

$$C \leftarrow \phi，且 P \leftarrow \{<X_i, t(X_i)> | X_i \in D, \text{support\_count}(X_i) \geq \text{MIN\_SUP}\}$$

其中，D 是输入事务数据集。

CHARM ($\mathcal{D}$, min_sup):
    $[P] = \{X_i \times t(X_i) : X_i \in \mathcal{I} \wedge \sigma(X_i) \geq min\_sup\}$
    CHARM-EXTEND ($[P]$, $\mathcal{C} = \emptyset$)
    return $\mathcal{C}$

CHARM-EXTEND ($[P]$, $\mathcal{C}$):
    for each $X_i \times t(X_i)$ **in** $[P]$
        $[P_i] = \emptyset$ and $\mathbf{X} = X_i$
        for each $X_j \times t(X_j)$ **in** $[P]$, with $X_j \geq_f X_i$
            $\mathbf{X} = \mathbf{X} \cup X_j$ and $\mathbf{Y} = t(X_i) \cap t(X_j)$
            CHARM-PROPERTY($[P]$, $[P_i]$)
        if ($[P_i] \neq \emptyset$) **then** CHARM-EXTEND ($[P_i]$, $\mathcal{C}$)
        delete $[P_i]$
        $\mathcal{C} = \mathcal{C} \cup \mathbf{X}$

CHARM-PROPERTY ($[P]$, $[P_i]$):
    if ($\sigma(\mathbf{X}) \geq minsup$) **then**
        if $t(X_i) = t(X_j)$ **then**
            Remove X_j from $[P]$
            Replace all X_i with $\mathbf{X}$
        else if $t(X_i) \subset t(X_j)$ **then**
            Replace all X_i with $\mathbf{X}$
        else if $t(X_i) \supset t(X_j)$ **then**
            Remove X_j from $[P]$
            Add $\mathbf{X} \times \mathbf{Y}$ to $[P_i]$
        else if $t(X_i) \neq t(X_j)$ **then**
            Add $\mathbf{X} \times \mathbf{Y}$ to $[P_i]$

R 语言实现

Charm 算法的主要部分的 R 语言实现代码如下：

```
Charm <- function (p,c,MIN_SUP){
  SortBySupportCount(p)
  len4p <- GetLength(p)
  for(idx in 1:len4p){
    q <- GenerateFrequentTidSet()
```

```
      for(jdx in (idx+1):len4p){
        xij <- MergeTidSets(p[[idx]],p[[jdx]])
        if(GetSupport(xij)>=MIN_SUP){
          if( IsSameTidSets(p,idx,jdx) ){
            ReplaceTidSetBy(p,idx,xij)
            ReplaceTidSetBy(q,idx,xij)
            RemoveTidSet(p,jdx)
          }else{
            if( IsSuperSet(p[[idx]],p[[jdx]]) ){
              ReplaceTidSetBy(p,idx,xij)
              ReplaceTidSetBy(q,idx,xij)
            }else{
              Add2CFI(q,xij)
            }
          }
        }
      }
      if( !IsEmpty(q) ){
        Charm(q,c,MIN_SUP)
      }
      if( !IsSuperSetExists(c,p[[idx]]) ){
        Add2CFI(m,p[[idx]])
      }
    }
  }
```

2.2.7 关联规则生成算法

在根据 Apriori 算法生成频繁项集的过程中，计算并保存每个频繁项集的支持计数以便用于后面的关联规则挖掘过程，即关联规则挖掘。

为生成关联规则 $X \to Y$，$l = X \cup Y$，l 为某个频繁项集，需要以下两个步骤：

❑ 首先，得到 l 的所有非空子集。

❑ 然后，对于 l 的子集 X，$Y = l - X$，规则 $X \to Y$ 为强关联规则，当且仅当 confidence $(X \to Y) \geq$ minimum$_{confidence}$。一个频繁项集的任何规则的支持计数不能小于最小支持计数。

关联规则生成算法的伪代码如下所示。

$1: AprioriGenerateRules\left(D, F, MIN_{SUP}, MIN\_CONF\right)$ {

$2: \quad R \leftarrow \phi;$

$3: \quad for\left(each\, I \in F\right)$ {

$4: \quad\quad R \leftarrow R \cup I \Rightarrow \phi;$

$5: \quad\quad C_1 \leftarrow \left\{\{1\}\,|\,i \in I\right\};$

6:　　　$k \leftarrow 1$

7:　　　$while\left(C_k \neq \phi\right)\{$

8:　　　　$H_k \leftarrow \{X \in C_k \mid confidence\left(I - X \Rightarrow X\right) \geq MIN\_CONF\};$

9:　　　　$for\left(any\, X,Y \in H_k,\, X[i] == Y[i]\, for\, 1 \leq i \leq k-1, and\, X[k] < Y[k]\right)\{$

10:　　　　　$I \leftarrow X \cup \{Y[k]\};$

11:　　　　　$if\left(\forall J \subseteq I, |J| == k, J \in H_k\right)\{$

12:　　　　　　$C_{k+1} \leftarrow C_{k+1} \cup I$

13:　　　　　$\}$

14:　　　　$\}$

15:　　　　$k \leftarrow k+1;$

16:　　　$\}$

17:　　　$R \leftarrow R \cup \{I - X \Rightarrow X \mid X \in H_1 \cup \ldots \in H_k\};$

18:　$\}$

R 语言实现

生成 Apriori 关联规则的算法的 R 语言代码如下所示：

```
Here is the R source code of the main
  algorithm:
AprioriGenerateRules <- function
  (D,F,MIN_SUP,MIN_CONF){
 #create empty rule set
 r <- CreateRuleSets()
 len4f <- length(F)
 for(idx in 1:len4f){
    #add rule F[[idx]] => {}
    AddRule2RuleSets(r,F[[idx]],NULL)
    c <- list()
    c[[1]] <- CreateItemSets(F[[idx]])
    h <- list()
    k <-1
    while( !IsEmptyItemSets(c[[k]]) ){
      #get heads of confident association rule in c[[k]]
      h[[k]] <- getPrefixOfConfidentRules(c[[k]],
      F[[idx]],D,MIN_CONF)
      c[[k+1]] <- CreateItemSets()

      #get candidate heads
      len4hk <- length(h[[k]])
      for(jdx in 1:(len4hk-1)){
         if( Match4Itemsets(h[[k]][jdx],
            h[[k]][jdx+1]) ){
            tempItemset <- CreateItemset
            (h[[k]][jdx],h[[k]][jdx+1][k])
            if( IsSubset2Itemsets(h[[k]],
```

```
            tempItemset) ){
            Append2ItemSets(c[[k+1]],
            tempItemset)
        }
      }
    }
  }
  #append all new association rules to rule set
  AddRule2RuleSets(r,F[[idx]],h)
  }
  r
}
```

为了验证上述 R 语言代码，可以使用 Arules 和 Rattle 添加包验证它的输出。

 Arules（Hahsler et al., 2011）和 Rattle 添加包提供了对关联规则分析的支持。对于输出规则的可视化，可利用 AruleViz。

2.3 混合关联规则挖掘

关联规则挖掘有两个有意义的应用：一是**多层次和多维度关联规则挖掘**；二是**基于约束的关联规则挖掘**。

2.3.1 多层次和多维度关联规则挖掘

对于给定的事务数据集，若数据集的某些维度存在概念层次关系，则需要对该数据集进行多层次关联规则挖掘。对事物数据集可用的任何关联规则挖掘算法都可以用于该任务。下表给出亚马逊商店的一个例子。

TID	购买的项
1	Dell Venue 7 16 GB Tablet, HP Pavilion 17-e140us 17.3-Inch Laptop...
2	Samsung Galaxy Tab 3 Lite, Razer Edge Pro 256GB Tablet…
2	Acer C720P-2666 Chromebook, Logitech Wireless Combo MK270 with Keyboard and Mouse...
2	Toshiba CB35-A3120 13.3-Inch Chromebook, Samsung Galaxy Tab 3 (7-Inch, White)...

下面是多层次模式挖掘的流程图。

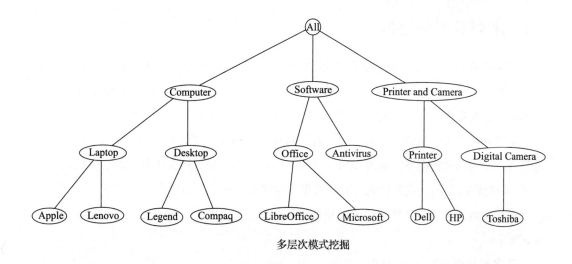

多层次模式挖掘

基于概念层次，低层次概念可以投影到高层次概念，具有高层次概念的新数据集可以代替原始的低层次概念。

可以在每个概念层次计算支持计数。许多类 Apriori 算法在计算支持计数时稍微有些不同。下面是几种不同的方法：

❑ 对所有的层次使用统一的最小支持度阈值。

❑ 对较低的层次使用较小的支持度阈值。

❑ 基于组的最小支持度阈值。

 有时，Apriori 性质并不总成立。这里有一些例外。

多层次关联规则是从概念层次的多层次中挖掘出来的。

2.3.2 基于约束的频繁模式挖掘

基于约束的频繁模式挖掘是使用用户设定的约束对搜索空间进行剪枝的启发式算法。

常见的约束有（但不局限于）以下几种情况：

❑ 知识类型的约束（指定我们想要挖掘什么）

❑ 数据约束（对初始数据集的限制）

❑ 维度层次约束

❑ 兴趣度约束

❑ 规则约束

2.4 序列数据集挖掘

序列数据集挖掘的一个重要任务是序列模式挖掘。A-Priori-life 算法被用来进行序列模式挖掘，这里使用的 A-Priori-life 算法，它是采用广度优先策略。然而，FP-growth 算法，采用深度优先策略。出于不同的原因，算法有时还需要综合考虑一些约束。

从序列模式中，可以发现商店消费者的常见购买模式。在其他方面，特别是广告或市场营销，序列模式挖掘发挥重要作用。可以从网络日志挖掘、网页推荐系统、生物信息学分析、病历跟踪分析、灾害预防与安全管理等领域中预测个人消费者行为。

本章中的规则都是从序列模式中挖掘出来的，它们具有多种。其中一些类型序列模式如下所示：

❑ **序列规则**：$X \rightarrow Y$，其中 $X \subset Y$。

❑ **标签序列规则**（Label Sequential Rule，LSR）：形如 $X \rightarrow Y$，其中 Y 是一个序列，X 是将序列 Y 中的若干项用通配符替换后而产生的序列。

❑ **类序列规则**（Class Sequential Rule，CSR）：定义为 X，若：

$X \rightarrow y$，假设 S 为序列数据集，I 是序列数据集 S 中所有项的集合，Y 是类标签的集合，$I \cap Y = \phi$，X 是一个序列且 $y \in Y$。

2.4.1 序列数据集

序列数据集 S 定义为元组（sid, s）的集合，其中 sid 为序列 ID，s 为序列。

在序列数据集 S 中，序列 X 的支持度定义为 S 中包含 X 的元组数，即

$$support_S(X) = \{(sid, s) \vee (sid, s) \in S \leftarrow X \subseteq s\}$$

这是序列模式的一个内在性质，它应用于相关的算法，如 Apriori 算法的 Apriori 性质。对于序列 X 及其子序列 Y，support $(X) \leqslant$ support(Y)。

2.4.2 GSP 算法

广义序列模式（Generalized Sequential Pattern，GSP）算法是一个类似 Apriori 的算法，但它应用于序列模式。该算法是逐层算法，采取宽度优先策略。它具有如下的特征：

❑ GSP 算法是 Apriori 算法的扩展。它利用 Apriori 性质（向下封闭），即，给定最小支持计数，若不接受某个序列，则其超序列也将丢弃。

❑ 需要对初始事务数据集进行多次扫描。

- 采用水平数据格式。
- 每次扫描中，通过将前一次扫描中发现的模式进行自连接来产生候选项集。
- 在第 k 次扫描中，仅当在第（k–1）次扫描中接受所有的（k–1）子模式，才接收该序列模式。

GSP 算法为：

$\mathcal{F}_1 = \{$ frequent 1-sequences $\}$;
for $(k = 2; \mathcal{F}_{k-1} \neq \emptyset; k = k + 1)$ **do**
　$C_k =$ Set of candidate k-sequences;
　for all input-sequences $\mathcal{E}$ in the database **do**
　　Increment count of all $\alpha \in C_k$ contained in $\mathcal{E}$
　$\mathcal{F}_k = \{\alpha \in C_k | \alpha.sup \geqslant min\_sup\}$;
Set of all frequent sequences $= \bigcup_k \mathcal{F}_k$;

伪代码为：

```
1: GSP(D,Σ,MIN_SUP) {
2:    F ← φ;
3:    C^(1) ← {φ};
4:    for(each s ∈ Σ) {
5:       in C^(1), add s as child of _φ
6:       support_count(s) ← 0
7:    }
8:    k ← 1
9: while(C^(k) = φ){
10:       ComputSupport(C^(k), D)
11:       for(each leaf r ∈ C^(k)){
12:          if(support_count(r) ≥ MIN_SUP){
13:             F ← F ∪ {(r, support_count(r))}
14:          }else{
15:             remove r from C^(k)
16:          }
17:       }
18:       C^(k+1) ← ExtendPrefixTree(C^(k));
19:       k ← k+1;
16:    }
19:    return F;
20: }
```

$21: ComputeSupport\left(C^{(k)}, D\right)\{$

$22: \quad for\left(each\, s_i \in D\right)\{$

$23: \quad\quad for\left(each\, r \in C^{(k)}\right)\{$

$24: \quad\quad\quad if\left(r \subseteq s_i\right)\{$

$25: \quad\quad\quad\quad support_{count(r)} \leftarrow support_{count(r)} + 1$

$26: \quad\quad\quad \}$

$21: ComputeSupport\left(C^{(k)}, D\right)\{$

$22: \quad for\left(each\, s_i \in D\right)\{$

$23: \quad\quad for\left(each\, r \in C^{(k)}\right)\{$

$24: \quad\quad\quad if\left(r \subseteq s_i\right)\{$

$25: \quad\quad\quad\quad support_{count(r)} \leftarrow support_{count(r)} + 1$

$26: \quad\quad\quad \}$

$27: \quad\quad \}$

$28: \quad \}$

$29: \}$

$30: ExtendPrefixTree\left(C^{(k)}\right)\{$

$31: \quad for\left(each\, leaf\, r_a \in C^{(k)}\right)\{$

$32: \quad\quad for\left(each\, leaf\, r_b \in Children\left(Parent\left(r_a\right)\right)\right)\{$

$33: \quad\quad\quad r_{ab} \leftarrow r_a + r_b[k]$

$34: \quad\quad\quad if\left(r_c \in C^{(k)}, \forall r_c \subset r_{ab}, |r_c| = |r_{ab}| + 1\right)\{$

$35: \quad\quad\quad\quad add\, r_{ab}\, as\, child\, of\, r_a\, with\, support\_count\left(r_{ab}\right) \leftarrow 0$

$36: \quad\quad\quad \}$

$37: \quad\quad \}$

$38: \quad\quad if\left(no\, extensions\, from\, r_a\right)\{$

$39: \quad\quad\quad remove\, r_a\, from\, C^{(k)}$

$40: \quad\quad \}$

$41: \quad \}$

$42: \quad return\, C^{(k)}$

$43: \}$

2.5　R 语言实现

算法主要部分的 R 语言实现为：

```
GSP  <- function (d,I,MIN_SUP){
```

```
f <- NULL
c[[1]] <- CreateInitalPrefixTree(NULL)
len4I <- GetLength(I)
for(idx in 1:len4I){
  SetSupportCount(I[idx],0)
  AddChild2Node(c[[1]], I[idx],NULL)
}
k <- 1
while( !IsEmpty(c[[k]]) ){
   ComputeSupportCount(c[[k]],d)
   while(TRUE){
     r <- GetLeaf(c[[k]])
     if( r==NULL ){
       break
     }
     if(GetSupport(r)>=MIN_SUP){
       AddFrequentItemset(f,r,GetSupport(r))
     }else{
       RemoveLeaf(c[[k]],s)
     }
   }
   c[[k+1]] <- ExtendPrefixTree(c[[k]])
   k <- K+1
}
f
}
```

2.5.1　SPADE 算法

使用等价类的序列模式发现（Sequential Pattern Discovery using Equivalent class，SPADE）算法是应用于序列模式的垂直序列挖掘算法，它采用深度优先策略。算法的特征是：

❑ SPADE 算法是 Apriori 算法的扩展。

❑ 算法采用 Apriori 性质。

❑ 需要对初始事务数据集进行多次扫描。

❑ 采用垂直数据格式。

❑ 算法采用简单的连接运算。

❑ 所有序列的发现都需要对数据进行 3 次扫描。

下面是调用 SPADE 算法之前的伪代码

$$F \leftarrow \phi, \wedge k \leftarrow 0, P \leftarrow \{<s, L(s)s> \in \Sigma, \text{support\_count}(s) \geq \text{MIN\_SUP}\}$$

SPADE $(min\_sup, \mathcal{D})$:
　$\mathcal{F}_1$ = { frequent items or 1-sequences };
　$\mathcal{F}_2$ = { frequent 2-sequences };
　$\mathcal{E}$ = { equivalence classes $[X]_{\theta_1}$ };
　for all $[X] \in \mathcal{E}$ **do** *Enumerate-Frequent-Seq*([X]);

```
Enumerate-Frequent-Seq(S):
    for all atoms Aᵢ ∈ S do
        Tᵢ = ∅;
        for all atoms Aⱼ ∈ S, with j ≥ i do
            R = Aᵢ ∨ Aⱼ;
            if (Prune(R) == FALSE) then
                L(R) = L(Aᵢ) ∩ L(Aⱼ);
                if σ(R) ≥ min_sup then
                    Tᵢ = Tᵢ ∪ {R}; F_{|R|} = F_{|R|} ∪ {R};
        end
        if (Depth-First-Search) then Enumerate-Frequent-Seq(Tᵢ)
    end
    if (Breadth-First-Search) then
        for all Tᵢ ≠ ∅ do Enumerate-Frequent-Seq(Tᵢ);
```

R 语言实现

算法主要部分的 R 语言代码实现是：

```
SPADE  <- function (p,f,k,MIN_SUP){
  len4p <- GetLength(p)
  for(idx in 1:len4p){
     AddFrequentItemset(f,p[[idx]],GetSupport(p[[idx]]))
     Pa <- GetFrequentTidSets(NULL,MIN_SUP)
     for(jdx in 1:len4p){
       xab <- CreateTidSets(p[[idx]],p[[jdx]],k)
       if(GetSupport(xab)>=MIN_SUP){
         AddFrequentTidSets(pa,xab)
       }
     }
     if(!IsEmptyTidSets(pa)){
       SPADE(p,f,k+1,MIN_SUP)
     }
  }
}
```

2.5.2 从序列模式中生成规则

序列规则、标签序列规则和类序列规则都可以从序列模式中生成，这些可以从前面的序列模式发现算法中得到。

2.6 高性能算法

伴随着数据集规模的增长，对高性能关联／模式挖掘算法的要求也随之增加。

随着 Hadoop 和其他类 MapReduce 平台的提出，满足这些需求成为可能。相关内容将于后续章节中进行介绍。根据数据集的大小，可以对某些算法进行调整以防止算法循环调用导致的栈空间不足问题，这也给我们将这些算法转化到 MapReduce 平台时带来了挑战。

2.7　练习

为加强对本章内容的掌握，这里给出一些有助于更好理解相关概念的实践问题。

❑ 编写 R 程序，寻找给定的样本购物篮事务文件中包含了多少唯一的项名。将每个项的名字映射为一个整数 ID。找出所有的频繁闭项集。找出所有最大频繁项集和它们的支持计数。你自己将支持计数阈值设置为一个变量值。

❑ 用 R 语言编码，实现 AprioriTid 算法。

2.8　总结

本章主要学习了以下内容：

❑ 购物篮分析。

❑ 作为关联规则挖掘的第一步，频繁项集是一个主要因素。除算法设计外，定义了闭项集、最大频繁项集。

❑ 作为关联规则挖掘的目标，通过支持计数、置信度等度量来挖掘关联规则。除支持计数外，使用相关公式挖掘相关规则。

❑ 频繁项集的单调性，即，若某个项集是频繁的，则其所有子集也是频繁的。

❑ Apriori 算法是挖掘频繁模式的第一个高效算法，其他诸多算法均为 Apriori 的变体。

❑ 序列中的序列模式。

下一章将介绍基本分类算法，包括 ID3、C4.5 和 CART 等算法，这部分内容也是数据挖掘的重要应用。

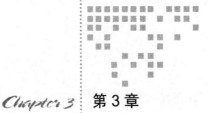

Chapter 3 第 3 章

分　　类

本章将介绍用 R 语言编写的主流的分类算法，还包括经验分类器性能及准确率判别基准。除了介绍各种分类算法外，还介绍了改进分类器的各种方法等。

分类在现代生活中有广泛的应用。随着信息数据集的指数式增长，需要高性能的分类算法来判别某事件/对象属于某个预定义的类型。这样的算法在不同的行业中有着广泛的应用，如生物信息学、网络犯罪以及银行业等。优秀的分类算法使用训练数据集预定义的类别来预测某个给定常见特征集的未知类别。

伴随着计算机学科的不断发展，分类算法需要在不同的平台上实现，如分布式基础设施、云环境、实时设备以及平行计算系统。

本章主要涵盖以下几个主题：

❑ 分类

❑ 通用决策树

❑ 使用 ID3算法对高额度信用卡用户分类

❑ 使用 C4.5 算法进行网络垃圾页面检测

❑ 使用 CART 算法判断网络关键资源页面

❑ 木马流量识别方法和贝叶斯分类

❑ 垃圾邮件识别和朴素贝叶斯分类

❑ 基于规则的分类和计算机游戏玩家的类型

3.1 分类

给定一个预定义的类标签集合，分类的任务是使用分类器的训练模型，为输入数据集的每个数据对象分配一个标签。通常，输入可能是离散值，也可能是连续值，但输出是离散二进制值或名义数值等。分类算法通常描述为学习模型或函数。

$$f(x,y) = 0, \quad x = (x_1, x_2, \ldots, x_n)$$

其中，x 是属性集合的元组，集合中的值可以是离散值，也可以是连续值；y 具有离散值（如类别标签）的属性。该函数可作为分类模型，可用于判断对象属于哪个类或预测新元组或前面函数中的 y 值。从另一个角度看，分类算法是从输入数据中寻找模型，当给定常见属性集合时，应用该模型对未来的类进行预测。

一般而言，分类系统的输入为若干属性的集合，记为 $x=(x_1, x_2, \cdots, x_n)$。有特定的算法用来从这些属性中选择出那些有用的属性，这样可以保证分类系统的效率。

几乎任何分类任务都需要进行数据预处理，根据不同情况采用不同的方法。下面是 3 个主要的方法：

❑ 数据清洗

❑ 相关分析

❑ 数据变换或约简

标准分类过程通常由两步组成。选择分类精度较高的模型作为最终的分类器，对数据集进行分类。下图中结合具体实例来阐述分类过程。

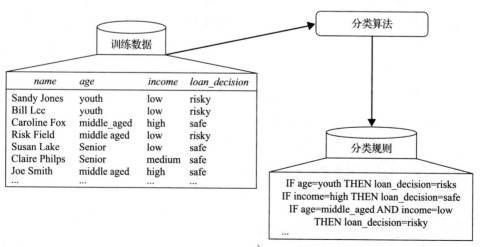

a）

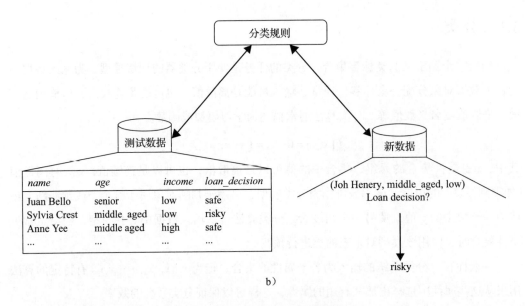

name	age	income	loan_decision
Juan Bello	senior	low	safe
Sylvia Crest	middle_aged	low	risky
Anne Yee	middle aged	high	safe
...	...	...	...

b)

❑ **训练（监督学习）**：依据训练集中的数据建立分类模型；

❑ **分类验证**：用测试数据集对模型的准确性进行验证，进而决定是否接受模型。

下面各节介绍几种不同的分类算法。

3.2 通用决策树归纳法

术语**决策树**有多种不同的定义。通常，决策树提供从根节点到某些叶子节点给定数据实例或记录的类判断过程的表示。作为主要的分类模型，决策树利用输入数据和类标签来构建作为分类模型的决策树。决策树可以用于下列属性数据类型的各种组合，但不限于这些，包括名义数值、类别、数值和符号数据以及它们的混合。下面给出 Hunt 决策树定义。其中，步骤 7 应用选择的属性测试条件将记录划分为更小的数据集。

第 1 步：令 D_t 作为与节点 t 有关的训练集

第 2 步：令 $(y_1, y_2, \cdots, y_m)$ 为类标签

第 3 步：如果 D_t 中的所有记录都能被映射到同一个类标签 y_t{

第 4 步： t 是具有标签为 y_t 的叶子节点

第 5 步：}

第 6 步：如果（D_t 包含的记录属于多个类）{

第 7 步：$D_t' \leftarrow$ 属性测试条件（D_t）}

第 8 步：对每个 $D_{tk} \in D'_t$，应用第 1 ~ 6 步

与其他算法相比，由于决策树的简单性和低计算量，所以它更流行。决策树归纳有如下特征：

- 决策树归纳通常采用贪婪策略。
- 根据训练数据集决策树归纳只构建一次决策树。
- 算法从输入数据集获得分类模型，不需要其他参数。
- 与许多其他任务一样，寻找最优决策树是 NP 完全问题。
- 构建决策树的算法可以快速构建决策树。即使是在数据集很大的情形下，树构建也是高效的。
- 决策树归纳提供了离散值函数的一种表达方式。
- 决策树归纳是鲁棒的，抗噪能力较好。
- 大多数决策树算法采用自上而下、递归划分、分治策略。
- 当向下遍历决策树时，样本数据集的大小经常急剧下降。
- 在决策树中，子树可以重复出现多次。
- 测试条件经常只包含一个属性。
- 决策树算法的性能受到不纯度量的影响。

当源数据集中的实例用属性 – 值对表示时，应该考虑采用决策树，目标函数具有离散值，而训练数据集可能包含一些噪声。

下图中给出决策树构建的一个例子，输入数据集（经典的打高尔夫数据集）如表所示。决策树由 3 部分组成：根节点、中间节点和叶子节点。给出了叶子节点的类标签。除叶子节点外，其他节点对属性集进行测试以便确定哪个输入数据应该属于节点的哪个分支。

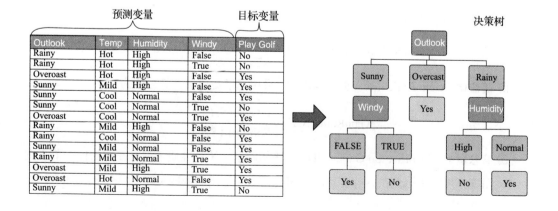

给定构建的决策树，可以轻松地对测试数据进行分类。从根节点开始，将那个节点的测试条件应用到测试记录中，通过相应的测试结果走到下一个节点，直至叶子节点，据此，可以判断到达了测试记录所属的哪个类。

现在还有两个问题。第一个问题是如何在给定节点上对训练集数据进行分裂，而决策树会根据选定的测试条件在各个属性集上进行生长。这里就有和属性选择的度量指标有关的问题。这部分内容后文将进一步阐述。第二个问题更为重要，是关于模型过度拟合的问题。

为防止决策归纳树节点太多，可采用以下两种策略来终止决策归纳树的生长。一种朴素的策略是，对于某个节点，当该节点中的所有数据对象均属同一类或者所有记录具有相同的属性值时，可根据该节点中的大多数记录对节点分配类标签。第二种策略是，提前终止算法，这种策略的目的是防止模型的过度拟合，将在 3.2.2 节中详细介绍。

3.2.1 属性选择度量

根据属性测试条件和选择的属性，一个节点可以有两个或两个以上的子节点或分支。为了分裂节点，可采取多种属性选择度量。同一个节点内部的属性选择度量也可以根据二路分支或多路分支进行变化。常用的属性选择度量有以下几种：

❑ **熵**（Entropy）：在信息论中，熵用来描述任意数据集中的不纯度。给定目标属性类集合，其大小为 c，p_i 表示 S 属于类 i 的比例或概率，则熵定义为：

$$\text{Entropy}(S) = \sum_{i=1}^{c} - p_i \log_2 p_i$$

熵总是用来描述数据集的杂乱程度。熵值越高，表示数据中的不确定性越大。

某个节点的训练数据集的大小及其覆盖率影响下列公式的正确性。对于这些情况增益是更好的度量。

❑ **增益**（Gain）：增益的定义为：

$$\text{Gain}(S, A) = \text{Entropy}(S) - \sum_{\upsilon \in \text{Values}(A)} \frac{|S_\upsilon|}{|S|} \text{Entropy}(S_\upsilon)$$

❑ **增益比**（Gain Ratio）：C4.5 分类算法中采用了增益比，计算公式为：

$$\text{GainRatio}(S, T) = \frac{\text{Gain}(S, T)}{\text{SplitInfo}(S, T)}$$

❑ **信息增益**（Information Gain）：ID3 算法使用这个统计性质来确定在树的任一节点选用哪个属性进行测试，并测量决策树的输入与输出之间的关联。

基于信息增益的概念，决策树的定义可以为：

- 决策树是使用一组属性测试来对输出进行预测的树结构。

- 为判断应该首先测试哪个属性，只需要找到具有最高信息增益的那个属性。

- 重复这样的步骤直至决策树构建完成。

❑ **Gini 指数**（Gini Index）：CART 算法中采用了 Gini 指数。使用下面的公式计算具体分裂点的 Gini 指数。它用于测量分裂点的纯度。其计算公式为：

$$G(D) = 1 - \sum_{i=1}^{k} P(c_i \mid D)^2$$

❑ **分裂信息**（Split Info）：计算公式为：

$$\text{SplitInfo}(S, T) = - \sum_{\upsilon \in \text{Values}(T_S)} \frac{|T_{S,\upsilon}|}{|T_S|} * \log \frac{|T_{S,\upsilon}|}{|T_S|}$$

3.2.2　决策树剪枝

初始决策树通常有太多的分支，这些分支反映噪声或异常值，这也是模型过度拟合的主要原因。通常，需要对决策树进行剪枝，以达到更高的分类准确度和更低的错误率。有以下两种剪枝策略：

- ❑ **后剪枝**：这种方法在树成长为最大形式后进行树剪枝。CART 算法中的成本 – 复杂度剪枝算法和 C4.5 中的悲观剪枝算法都是后剪枝的例子。

- ❑ **先剪枝**：该类剪枝策略也称为提前终止策略，它可避免过度成熟树的生成，使用一些额外的约束（如阈值）提前终止决策树的生长。

重复和反复是导致决策树规模太大、效率低下的两个主要因素。

3.2.3　决策树生成的一般算法

一般决策归纳树算法的伪代码是：

```
1: TreeGrowth(E, F) {
2:    if (StoppingCondition(E, F)) {
3:        leaf ← CreateNode()
4:        leaf.label ← Classify(E)
5:        return leaf
6:    } else {
7:        root ← CreateNode()
8:        root.test_cond ← FindBestSplit(E, F)
```

9:     $V \leftarrow \{v \,|\, v \text{ is a possible outcome of } root.test\_cond\}$

10:    $for\left(\,each\,v \in V\,\right)\,\{$

11:       $E_v \leftarrow \{e \,|\, root.test\_cond\left(e\right) = c, \text{ and } e \in E\,\}$

12:       $child \leftarrow TreeGrowth\left(E_v, F\right)$

13:       $AddDescendentAndLabelEdge\left(root, child, v\right)$

14:    $\}$

15: $\}$

16: $return\,root;$

17: $\}$

这里介绍该算法的另一个变体，输入参数为：

❏ 训练数据集，记为 D。

❏ 叶子节点的大小，记为 η。

❏ 叶子节点纯度阈值，定义为 π。

算法的输出为一棵决策树，如下所示：

DECISION TREE (D, η, r):

1 $n \leftarrow |D|$

2 $n_i \leftarrow |\{\, X_j \,|\, X_j \in D, y_j = c_i \,\}|$

3 $purity\,(D) \leftarrow \max_i\left\{\dfrac{n_i}{n}\right\}$

4 if $n \leq \eta$ or $purity\,(D) \geq r$ then

5 | $c^* \leftarrow \arg\max_i\left\{\dfrac{n_i}{n}\right\}$

6 | create leaf node, and label it with class c^*

7 | return

8 (split-point*, score*) $\leftarrow (\emptyset, 0)$

9 foreach (attribute X_j) do

10 | if (X_j is numeric) then

11 | | (v, score) $\leftarrow$ Evaluate-Numeric-Attribute (D, X_j)

12 | | if score > score* then (split-point*, score*) $\leftarrow$ ($X_j \leq v$, score)

13 | else if (X_j is categorial) then

14 | (V, score) $\leftarrow$ Evaluate-Categorial-Attribute (D, X_j)

15 | if score > score* then (split-point*, score*) $\leftarrow$ ($X_j \in V$, score)

16 $D_Y \leftarrow \{\, X \in D \,|\, X \text{ satisfies split-point*} \}$

17 $D_N \leftarrow \{\, X \in D \,|\, X \text{ does not satisfies split-point*} \}$

18 create internal node split-point*, with two child nodes, D_Y and D_N

19 DecisionTree(D_Y); DecisionTree(D_N)

第一行表示划分的粒度。第 4 行说明终止条件。第 9 ～ 17 行尝试通过一次新的分裂来生成两个分支。最后，第 19 行在两个新分支上递归地应用该算法来构建子树。算法的 R 实现见下一节。

3.2.4　R 语言实现

通用决策树归纳算法的 R 语言代码的主要函数如下所示。其中，data 为输入数据集，c 为类标签集合，x 为属性集合，yita 和 pi 与前面伪代码中定义的 η 和 π 相同。

```
1  DecisionTree <- function(data,c,x,yita,pi){
2          result.tree <- NULL
3          if( StoppingCondition(data,c,yita,pi) ){
4                  result.tree <- CreateLeafNode(data,c,yita,pi)
5                  return(result.tree)
6          }
7
8          best.split <- GetBestSplit(data,c,x)
9          newdata <- SplitData(data,best.split)
10
11         tree.yes <- DecisionTree(newdata$yes,c,x,yita,pi)
12         tree.no <- DecisionTree(newdata$no,c,x,yita,pi)
13         result.tree <- CreateInternalNode(data,
14                     best.split,tree.yes,tree.no)
15
16         result.tree
17 }
```

可以选择一个样本数据集（weather 数据集）对通用决策树归纳算法进行验证。它来自 Rattle 添加包，它包含 23 个属性的 366 个个案，以及一个目标或类标签。在 R 语言中，weather 是一个数据框，它包含 24 个变量的 366 条观测值。可以用下面的 R 代码查看该数据集的详细信息。

```
> Library(rattle)
> str(weather)
```

3.3　使用 ID3 算法对高额度信用卡用户分类

ID3（Iterative Dichotomiser 3）算法是决策归纳树设计的最流行算法之一。该算法不接受缺失值或噪声，属性值必须来自无限固定集合。

ID3 算法使用熵来计算样本的均匀性，也用于分裂。使用下式计算每个属性 A 的信息

增益 G。最终生成的树的根节点包含具有最大信息增益的属性。然后，根据根节点的每个属性值，递归地构建新的子树。

$$\text{Gain}(S, A) = \text{Entropy}(S) - \sum_{\upsilon \in \text{Values}(A)} \frac{|S_\upsilon|}{|S|} \text{Entropy}(S_\upsilon)$$

$$\text{Entropy}(S) = \sum_{i=1}^{c} - p_i \log_2 p_i$$

用打高尔夫的数据集作为输入数据集，可以通过下式计算信息增益：

❑ Entropy (root) = 0.940

❑ Gain () = 0.048, Gain (S, Humidity) = 0.151

❑ Gain (S, Temperature) = 0.029, Gain (S, Outlook) = 0.246

ID3（C4.5 和 CART）算法采用贪婪策略对可能的决策树空间采用自上而下分治方式递归地构建决策归纳树。采用贪婪搜索策略，每一步，做出最大改进最优目标的决策。对于每个节点，寻找训练数据在测试条件最佳划分，并将训练数据分配给它。

采用 ID3 的决策归纳树有如下特性：

❑ 除树的叶子节点外，每个节点对应一个输入属性，每条边对应该属性的一个可能值。

❑ 对于给定数据集，用熵作为指标来衡量使用某一输入属性进行分类后对输出类别的信息量的影响。

❑ 递归算法。

递归算法可以简单描述为：

❑ 将初始问题划分为两个或多个具有相同类型的更小的问题。

❑ 对每个更小类型的问题调用该递归算法。

❑ 将上一步的结果组合在一起来求解原始问题。

3.3.1 ID3 算法

ID3 算法的输入参数为：

❑ 输入属性的集合，记为 I，可以用生成的决策树对这些属性进行测试。

❑ 训练数据对象的集合或训练样本，记为 T。

算法的输出参数为：

❑ 输出属性的集合，记为 O，即决策树预测的这些属性的值。

算法的伪代码为：

```
1: ID3(I, O, T) {
2:     if (T is emputy) {
3:         node ← CreateNode()
4:         node.label ← "Failure"
5:         return node
6:     }
7:     if (all instance in T share the save value "sameValue" for O) {
8:         node ← CreateNode()
9:         node.label ← "sameValue"
10:        return node
11:    }
12:    if (I is emputy) {
13:        node ← CreateNode()
14:        node.label ← the value of the most common value of O in T
15:        return node
16:    }
17:    Compute the information gain for each attribute in I relative to T
18:    let x be the attribute with lest G(x, T) of the attribute in I
19:    let {x_j | j ∈ [1, m]} be the value set of x
20:    let {T_j | j ∈ [1, m]} be the set of subset of T after it is partitioned with value of x
21:    root ← CreateNode()
22:    root.label ← x
23:    foreach (j in [1, m]) {
24:        create a new branch for root
25:        childNode_j ← ID3(I − {x}, O, T_j)
26:        if (T_j is empty) {
27:            leaf. ← CreateNode()
28:            node.label ← the value of the most common value of O in T
29:            add leaf as a leaf and the j − th child of root, under the new branch
30:        } else {
31:            add childNode_j as the j − th child of root, under the new branch
32:        }
33:    }
34:    return root;
35: }
```

3.3.2 R 语言实现

ID3 算法主要函数的 R 实现代码如下所示。其中，`data` 表示输入训练数据集，`ix` 为输入属性的集合，`ox` 为输出属性。

```
 1 ID3 <- function(data,ix,ox){
 2    result.tree <- NULL
 3
 4    if( IsEmpty(data) ){
 5        node.value <- "Failure"
 6        result.tree <- CreateNode(node.value)
 7        return(result.tree)
 8    }
 9    if( IsEqualAttributeValue(data,ox) ){
10        node.value <- GetMajorityAttributeValue(data,ox)
11        result.tree <- CreateNode(node.value)
12        return(result.tree)
13    }
14    if( IsEmpty(ix) ){
15        node.value <- GetMajorityAttributeValue(data,ox)
16        result.tree <- CreateNode(node.value)
17        return(result.tree)
18    }
19    gain <- GetInformationGain(data,ix)
20    best.split <- GetBestSplit(data,gain,ix)
21
22    values <- GetAttributeValues(best.split)
23    values.count <- GetAttributeValuesCount(best.split)
24    data.subsets <- SplitData(data,best.split)
25
26    node.value <- best.split
27    result.tree <- CreateNode(node.value)
28    idx <- 0
29    while( idx<=values.count ){
30        idx <- idx+1
31        newdata <- GetAt(data.subsets,idx)
32        value <- GetAt(values,idx)
33        new.ix <- RemoveAttribute(ix,best.split)
34        new.child <- ID3(newdata,new.ix,ox)
35        AddChildNode(result.tree,new.child,value)
36    }
37
38    result.tree
39 }
```

3.3.3 网络攻击检测

随着信息技术的发展，出现了许多系统，它可以识别已有软件系统和网络系统的恶意使用。其中一种就是**入侵检测系统**（IDS），它检测恶意行为，执行内容检测，而不需要防火墙。它还包括签名检测、异常检测等。

除了入侵检测系统的其他组件外，类分类器决策树技术，如 ID3、C4.5 和 CART 法，与分析器一样发挥着重要作用，如传感器、管理器、操作员和管理员等。这里需要的分类是活动监视器、文件完整性检验器、主机防火墙、日志解析器、分组模式匹配等。

入侵检测系统出现了很多问题。其中之一就是多种新的未知攻击模式，而现有 IDS 对新的攻击模式的检测率通常较低。这提出与人工智能（特别是决策树技术）相结合来设计新型的 IDS。

实际上，除了已有的入侵检测系统外，还有利用数据挖掘技术来检测网络攻击的比赛。其中一个就是 KDD 杯。KDD 杯 1999 的主题就是计算机网络入侵检测，建立分类器来预测未经授权的行为。

数据集来源于 DARPA 入侵评估项目。训练数据集包含 500 万条数据实例，测试数据集包含 200 万条实例。在训练数据集中，包含 24 种攻击类型，测试数据集中包含 14 种。数据集中的每个数据实例包含 41 个属性，其中 9 个表示 TCP 连接，13 个表示 TCP 连接中的内容特征，9 个表征两秒时间窗口的流量特征，剩下的表示与主机相关的流量特征。所有的攻击可分为以下 4 类：

❑ DOS：表示拒绝服务。

❑ R2L：远程机器未经授权访问本地机器。

❑ U2R：本地无权限用户未经授权访问本地超级用户权限。

❑ Probing：监测或探测。

通过特定的变换，ID3 算法可用来对不同大小的数据集进行不同的网络攻击检测。当数据集的大小增加时，ID3 算法的性能可通过并行计算保持高效。

为了简单起见，对于简单的入侵检测系统，可以用以下 4 种攻击类型对数据集进行标识：

❑ SQL 注入。

❑ 跨站脚本攻击。

❑ 代码注入。

❑ 目录遍历攻击。

以上 4 种攻击行为具有一个相同的模式，即恶意模式的网页查询。通过对网页查询、URL 以及收到的保留标记集合进行标准化，就可以对 4 种类型的攻击用合适的标签来标记其特殊的模式。在对数据集进行 ID3 算法训练并将它应用于已有的入侵检测系统后，可以实现更好的入侵检测率。

3.3.4 高额度信用卡用户分类

随着信用卡使用的增长，银行业为增加利润，需要从所有用户中发现高额度信用卡用户，以此来创建更加面向用户的策略来增加利润。与从数据集中发现有意义的规则有相同的需求。

为实现这个目标，需在训练数据对象中加入更多正确用户属性（无论类型是什么）。可能的选择是交易记录、使用行为、用户年龄、年收入、教育背景、金融资产等。

没必要包括所有与用户相关的属性，但应该包括与该目标相关的关键属性。领域专家知识可能有助于实现目标。

通过选择合适的属性，可以应用 ID3 算法来最后提取敏感特征或有代表性的特征，据此来帮助判断哪些用户将更有可能成为盈利目标。

3.4 使用 C4.5 算法进行网络垃圾页面检测

C4.5 是 ID3 算法的扩展。与 ID3 算法相比，C4.5 可以更好地处理缺失值、属性值，以及属于无限连续范围内的属性。

C4.5 是一种决策树算法，也是一种监督学习分类算法。学习模型并将输入属性值映射到互斥的类标签。而且，学习的模型可以用来对新的未见过的实例或属性值进行进一步分类。在该算法中，采用的属性选择度量是增益比，该度量可以避免可能的偏差：

$$\text{GainRatio}(S,T) = \frac{\text{Gain}(S,T)}{\text{SplitInfo}(S,T)}$$

$$\text{Gain}(S,A) = \text{Entropy}(S) - \sum_{\upsilon \in \text{Values}(A)} \frac{|S_\upsilon|}{|S|} \text{Entropy}(S_\upsilon)$$

$$\text{SplitInfo}(S,T) = -\sum_{\upsilon \in \text{Values}(T_S)} \frac{|T_{S,\upsilon}|}{|T_S|} * \log \frac{|T_{S,\upsilon}|}{|T_S|}$$

基于通用的 C4.5 算法，派生了许多算法，如 C4.5、无剪枝的 C4.5（C4.5-no-pruning）、C4.5 规则（C4.5 rule）等，这些算法统称为 C4.5 算法，也就是说，C4.5 算法是一套算法。

与其他算法相比，C4.5 算法有以下几个重要特征：

❑ 树剪枝采取后剪枝策略，然后使用选择的准确度标准删除一些树结构。

❑ 改进了对连续属性的使用。

❑ 可以更好地处理缺失值。

❑ 可以产生规则集合。

❑ 不再局限于两路测试，可以对所选属性值进行多路测试。

❑ 通过增益和增益比进行信息理论测试。

❑ 采用贪婪的学习算法，即随着树的生长，选择最好的标准测试结果。

❑ 数据存储在主存（还有可以使用辅助存储器的许多扩展算法，如 BOAT、Rainforest、SLIQ、SPRINT 等）中。

3.4.1　C4.5 算法

基本 C4.5 算法的伪代码如下所示。

```
C4.5(T)
Input: training data set T; attributes S.
Output: decision tree Tree.
 1: if T is NULL then
 2:    return failure
 3: end if
 4: if S is NULL then
 5:    return Tree as a single node with most frequent class label in T
 6: end if
 7: if |S| = 1 then
 8:    return Tree as a single node S
 9: end if
10: set Tree = {}
11: for a ∈ S do
12:    set Info(a,T)=0, and SplitInfo(a,T)= 0
13:    compute Entropy(a)
14:    for v ∈ values(a,T) do
15:       set Ta,v as the subset of T with attribute a = v
```

16: $\quad Info(a,T) += \frac{|Ta,v|}{|Ta|} Entroph(a_v)$

17: $\quad SplitInfo(a,T) += \frac{|Ta,v|}{|Ta|} \, log \, \frac{|Ta,v|}{|Ta|}$

```
18: end for
```

19: $Gain(a,T) = Entropy(a) - Info(a,T)$

20: $GainRatio(a,T) = \dfrac{Gain(a,T)}{SplitInfo(a,T)}$

```
21: end for
```

22: set $a_{best} = \underset{a}{argmax} \{GainRatio(a,T)\}$

```
23: attach abest into Tree
24: for v ∈ values(abest, T) do
25:    call C4.5(Ta,v)
26: end for
27: return Tree
```

3.4.2 R 语言实现

C4.5 算法的 R 语言实现代码如下所示。

```
1  C45 <- function(data,x){
2      result.tree <- NULL
3
4      if( IsEmpty(data) ){
5          node.value <- "Failure"
6          result.tree <- CreateNode(node.value)
7          return(result.tree)
8      }
9      if( IsEmpty(x) ){
10         node.value <- GetMajorityClassValue(data,x)
11         result.tree <- CreateNode(node.value)
12         return(result.tree)
13     }
14     if( 1 == GetCount(x) ){
15         node.value <- GetClassValue(x)
16         result.tree <- CreateNode(node.value)
17         return(result.tree)
18     }
19
20     gain.ratio <- GetGainRatio(data,x)
21     best.split <- GetBestSplit(data,x,gain.ratio)
22
23     data.subsets <- SplitData(data,best.split)
24     values <- GetAttributeValues(data.subsets,best.split)
25     values.count <- GetCount(values)
26
27     node.value <- best.split
28     result.tree <- CreateNode(node.value)
29     idx <- 0
30     while( idx<=values.count ){
31         idx <- idx+1
32         newdata <- GetAt(data.subsets,idx)
33         value <- GetAt(values,idx)
34         new.x <- RemoveAttribute(x,best.split)
35         new.child <- C45(newdata,new.x)
36         AddChildNode(result.tree,new.child,value)
37     }
38
39     result.tree
40 }
```

3.4.3　基于 MapReduce 的并行版本

随着数据集容量或大小的不断增长，C4.5 算法可以借助 MapReduce 算法、Hadoop 技术套件，特别是通过 R 语言的 RHadoop，并行实现。

MapReduce 编程模型如下图所示。

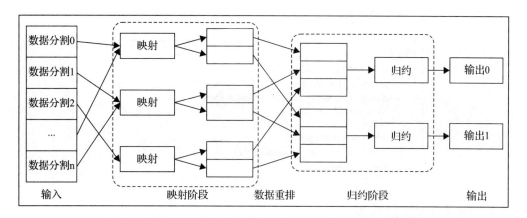

数据准备

1: **procedure** MAP_Attribute *(row_id, (a₁, a₂, ..., a_M, c))*
2:　　emit *(a_j, (row_id, c))*
3: **end procedure**
4: **procedure** REDUCE_ATTRIBUTE　*a_j, (row_id, c)*
5:　　emit *(a_j, c,cnt))*
6: **end procedure**

属性选择

1: **procedure** REDUCE_POPULATION *a_j, c,cnt)))*
2:　　emit *(a_j, all)*
3: **end procedure**
4: **procedure** MAP_COMPUTATION *((a_j, (c,cnt, all)))*
5:　　compute *Entropy (a_j)*
6:　　compute $Info(a_j)= -\frac{cnt}{all} Entropy (a_j)$
7:　　compute $SplitInfo(a_j)= -\frac{cnt}{all} log \frac{cnt}{all}$
8:　　emit *(a_j, Info(a_j), SplitInfo(a_j))*
9: **end procedure**
10: **procedure** REDUCE_COMPUTATION *((a_j, (Info(a_j)　SplitInfo a_j)))*
11:　　emit *(a_j, GainRatio(a_j))*
12: **end procedure**

```
更新表
procedure MAP_UPDATE_COUNT (( a_best , (row_id, c)))
        emit ( a_best , (c,cnt' ))
end procedure
procedure MAP_HASH (( a_best , row_id ))
        compute node_id=hash (a_best )
        emit (row_id, node_id)
end procedure
```

```
树生长
procedure MAP (( a_best , (row_id ))
        compute node_id=hash (a_best )
        if node_id is same with the old value then
        emit ( row_id, nod_id )
        end if
        add a new subnode
        emit (row_id, node_id, subnode_id )
    end procedure
```

3.4.4 网络垃圾页面检测

随着使用欺骗搜索引擎相关算法来提升排名的搜索引擎技术的发展，出现了大量垃圾网页，但没有改进它们自己网站的技术。这些网站通过一系列预先准备好的行动来提升某个网页的重要度和（与搜索关键词的）相关性，而这些网页本身实际并没有什么真实的价值。通过故意操纵搜索引擎指数，这些垃圾网页在搜索引擎排序中的得分大幅提升。最后，流量流向垃圾页面。垃圾页面的一个直接后果就是网络世界的信息质量下降，用户体验被操纵，以及用户隐私的利用，使用的安全风险也随之增加。

一个经典的例子就是链接工厂，如下图所示。为了在基于链接的排序算法中获得较高的排名，建立一系列密集链接的网页，这种行为也称为**勾结**（collusion）。

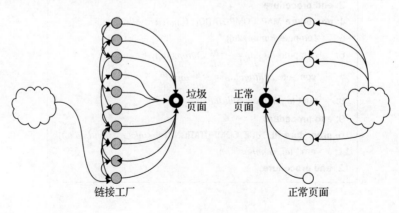

从商业角度，垃圾页面主要分为以下 3 种类型：

❑ 页面欺骗。

❑ 基于浏览器的攻击。

❑ 搜索引擎操控。

从技术的角度，垃圾页面主要分为以下几种类型：

❑ **链接垃圾**：它包括创建链接结构，通常由一系列多样化的链接组成，目的是影响基于链接排名来计算排名的算法。可能的技术包含：蜜罐技术、锚文本垃圾页面、博客 / 维基垃圾页面、链接交换、链接工厂以及过期的域名等。

❑ **内容垃圾**：它伪造网页的内容。一个例子就是将不相关的关键词插入搜索引擎中排名较高的页面。可能的技术包括隐藏文本（大小和颜色）、重复、关键词堆砌 / 稀释以及基于语言模型的技术（如短语偷窃和倾销）。

❑ **隐藏页**：将不同于访问者查看的版本内容发送到搜索引擎。

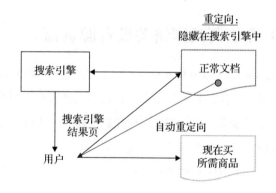

链接垃圾检测通常依赖于自动分类器，检测基于链接排名算法的异常行为等。可以采用分类器或语言模型不一致来检测内容垃圾。隐藏页检测方法是内在的，其中一种方法是将索引页面与访问者看到的页面进行比较。

如何应用决策树检测网络垃圾页面？网络垃圾的链接和内容，经过统计分析后，明显区别于其他正常页面。有些性质对垃圾检测是非常重要的，如页面的可信度、中立性（事实）和偏差等。网络垃圾页面检测可用来很好地阐述 C4.5 算法。

在分类中，可以应用某些领域相关的知识。例如，垃圾链接之间通常是相互链接的。页面与网站之间的链接通常不是随机设置的而是存在特定的规则，可以通过分类器对它们进行检测。

对于某个数据点的属性，数据集可以分为两类，基于链接的特征和基于内容的特征：

- **基于链接的特征**：它包括基于度（degree-based）的度量（例如，网络主机的入度和出度）；也包括基于网页排名的特征（它是计算每个页面得分的算法）；还包括基于信任度排名的特征（它根据特定基准，如可信网页，对网页的可信度进行度量）。
- **基于内容的特征**：它包括页面中的字数、标题中的字数、平均字长、锚文本数、锚文本比例、可视文本的比例、包含全球流行语的页面的比例、全球流行语的比例、可压缩性、语料库精度和语料库召回、查询精度和查询召回，相互独立的三元图或 n 元图的似然值，以及三元图或 n 元图的熵。

所有这些特征都包括在一个数据点中以便建立预处理数据集，依次用于分类算法，特别是决策树算法，如 C4.5 算法，作为垃圾页面分类器以便区分垃圾页面与正常页面。在所有的分类算法中，C4.5 算法的性能最好。

3.5 使用 CART 算法判断网络关键资源页面

分类和回归树（Classification and Regression Tree, CART）是最流行的决策树算法之一。该算法是一个二元递归分割算法，它可以用来处理连续属性和名义属性。

CART 算法由 3 个主要步骤组成。首先，构建最大树（二叉树）。其次，选择合适的树大小。最后，使用生成的决策树对数据进行分类。

与其他算法相比，CART 算法有许多重要特征：

- 二叉决策树（二叉递归划分过程）。
- 源数据集可以包含连续属性或名义属性。
- 没有停止规则（直到没有可分割的节点为止）。
- 通过成本 – 复杂度剪枝对决策树进行剪枝。
- 不包含参数。
- 事前不对变量进行选择。
- 采取一种自适应的和更好的优化策略对缺失值进行处理。
- 易于处理异常值。
- 不含任何假设。

❏ 计算效率高。

❏ 在每一个分割点，仅使用一个变量。

❏ CART 算法生成一系列的候选决策树，这些候选决策树再经过一系列的嵌套式修剪产生唯一的最优决策树，该最优决策树将作为最终的结果。

❏ 自动处理源数据集中的缺失值。

加权 Gini 指数方程的定义如下：

$$G(D_Y, D_N) = \frac{n_Y}{n} G(D_Y) + \frac{n_N}{n} G(D_N)$$

CART 算法的度量是不相同的，分割点的优劣与度量值成正比，越高越好。

$$\mathrm{CART}(D_Y, D_N) = 2\frac{n_Y}{n}\frac{n_N}{n}\sum_{i=1}^{k}|P(c_i|D_Y) - P(c_i|D_N)|$$

3.5.1 CART 算法

关于算法的分裂规则，本章不再赘述。算法步骤为：

❏ 分割器对连续属性、名义属性进行分别处理。

❏ 对具有多个水平的名义属性要进行特别的处理。

❏ 缺失值处理。

❏ 树剪枝。

❏ 树选择。

下面给出 CART 算法的伪代码。下面首先给出简化的树生长算法。

```
BEGIN:   Assign all training data to the root node
         Define the root node as a terminal node

SPLIT:
New_splits=0
FOR every terminal node in the tree:
   If the terminal node sample size is too small or all instances in the
   node belong to the same target class goto GETNEXT
   Find the attribute that best separates the node into two child nodes
   using an allowable splitting rule
   New_splits+1
GETNEXT:
NEXT
```

下面是简化的剪枝算法：

```
DEFINE:   r(t) = training data misclassification rate in node t
          p(t) = fraction of the training data in node t
          R(t) = r(t)*p(t)
          t_left=left child of node t
          t_right=right child of node t
          |T| = number of terminal nodes in tree T

BEGIN:    Tmax=largest tree grown
          Current_Tree=Tmax
          For all parents t of two terminal nodes
            Remove all splits for which R(t)=R(t_left) + R(t_right)
          Current_tree=Tmax after pruning

PRUNE:    If |Current_tree|=1 then goto DONE
          For all parents t of two terminal nodes
          Remove node(s) t for which R(t)-R(t_left) - R(t_right)
                is minimum
Current_tree=Current_Tree after pruning
```

3.5.2 R 语言实现

关于前面提到算法的 R 语言实现，请参看 R 语言文件 `ch-02_cart.R`。下面给出 CART 算法的一个应用例子。

3.5.3 网络关键资源页面判断

网络关键资源页面判断来源于网络信息检索和网络搜索引擎领域。最初的概念源自权威分值、链接权威度和 HITS 算法。在从 IR 系统或搜索引擎中查询信息的过程中，从海量增长的信息中寻找重要的且相关的信息是非常困难的。好的判断可以导致更少的索引存储和更多信息的查询结果。

与同一个主题的普通网页相比，关键资源页面是每个选择的主题具有更多信息的高质量网页。为度量某个网页的重要性，设计时首先需要进行特征选择。

目前搜索技术使用的基于链接的特征不能以可接受的准确率解决这个问题。为提高准确率，除了单数据实例相关的属性或特征（即局部属性）外，还应该采取更多的存在于多个数据实例之间的全局信息。

实验结果说明，关键网页应该包含具有到其他页面锚文本的站内导出链。非内容属性，例如，与页面的属性和内容结构相关的网页链接，可以用于判断关键资源页面。可能的属性如下所示。

- **入度或导入链**：它说明指向页面的链接数。观察表明，与关键页面相关的导入链数较高，从其他网站到该页面的链接数目就越多，在一定程度上这意味着对该页面越重要的推荐。
- **URL 长度或页面的 URL 的深度**：URL 的类型有以下 4 种：根、子根、路径和文件名。4 种类型的 URL 映射到 4 个不同的长度等级，即分别为 1 ~ 4。较低的先验概率具有较低的等级，而较高的先验概率意味着更大可能是关键资源页面。
- **站内导出链锚文本率**：它指的是锚文本的长度与文档或页面内容长度的比例。
- **站内导出链数**：它指的是一个页面内嵌入的链接数。
- **文件长度（以字为单位）**：它排除文档中预定义的不可用字符。由于分布不均匀，所以该属性可以预测页面的相关性。

通过上述属性，可在一定程度避免均匀采样问题。可以轻松构建数据集，并通过决策树归纳算法（如 CART）使用它。

3.6 木马程序流量识别方法和贝叶斯分类

贝叶斯分类是概率分类算法，它基于贝叶斯定理。贝叶斯分类器通过使后验概率达到最大来对相应实例或类进行预测。贝叶斯分类的风险在于该算法需要足够多的数据才能对联合概率密度进行可靠的估计。

给定数据集 D，样本大小为 n，每个实例或点 x 属于 D（m 维），对于每个 $x_i=(x_{i1}, x_{i2}, \cdots, x_{im}) \in D$，$y_i$ 是 x_i 所属的类（对于 x_i，$y_i \in \{c_1, c_2, \cdots, c_k\}$）。为了预测任意 x 的类 y'，使用下式：

$$\hat{y} = \arg\max\{P(c_i|x)|\forall i\}$$

根据贝叶斯定理，$P(x|c_i)$ 是似然：

$$P(c_i|x) = \frac{P(x|c_i)P(c_i)}{P(x)}, P(x) = \sum_{i=1}^{k} P(x|c_j)P(c_j)$$

那么，可以得到预测 x 的类 y' 的新的计算公式：

$$\hat{y} = \arg\max\{P(c_i|x)|\forall i\} = \arg\max\left\{\frac{P(x|c_i)P(c_i)}{P(x)}\right\} = \arg\max\{P(x|c_i)P(c_i)\}$$

3.6.1 估计

使用上述预测类的新定义，需要估计先验概率及其似然。

3.6.1.1　先验概率估计

给定数据集 D，若 D 的大小为 n，D 中属于类 c_i 的实例数为 n_i，则类 c_i 的先验概率可由下式进行估计：

$$\hat{P}(c_i) = \frac{n_i}{n}$$

3.6.1.2　似然估计

假设所有属性均为数值属性，对于数值属性，则估计公式如下所示。假设每个类 c_i 是均值为 μ_i 的正态分布，对应的协方差矩阵为 Σ_i，$\hat{\mu}_i$ 用于估计 μ_i，$\hat{\Sigma}_i$ 用于估计 Σ_i。

$$\hat{y} = \arg\max\{f_i(x)P(c_i) \mid \forall i\}$$

$$f_i(x) = f(x \mid \mu_i, \Sigma_i) = \frac{1}{(\sqrt{2\pi})^d \sqrt{|\Sigma_i|}} \exp\left\{-\frac{(x-\mu_i)^T \sum_i^{-1}(x-\mu_i)}{2}\right\}$$

$$\hat{\mu}_i = \frac{1}{n_i} \sum_{x_j \in D_i} x_j$$

$$\hat{\Sigma}_i = \frac{1}{n_i} Z_i^T Z_i$$

对于分类属性，也可以做同样的处理，但稍有些不同。

3.6.2　贝叶斯分类

贝叶斯分类算法的伪代码如下所示：

$\textbf{BAYESCLASSIFIER} (\mathbf{D} = \{(\mathbf{x}_j, y_j)\}_{j=1}^n):$

1　$\textbf{for } i = 1, \cdots, k \textbf{ do}$
2　　$\mathbf{D}_i \leftarrow \{\mathbf{x}_j \mid y_j = c_i, j = 1, \cdots, n\}$
3　　$n_i \leftarrow |\mathbf{D}_i|$
4　　$\hat{P}(c_i) \leftarrow n_i/n$
5　　$\hat{\boldsymbol{\mu}}_i \leftarrow \frac{1}{n_i} \sum_{\mathbf{x}_j \in \mathbf{D}_i} \mathbf{x}_j$
6　　$\mathbf{Z}_i \leftarrow \mathbf{D}_i - \mathbf{1}_{n_i} \hat{\boldsymbol{\mu}}_i^T$
7　　$\hat{\boldsymbol{\Sigma}}_i \leftarrow \frac{1}{n_i} \mathbf{Z}_i^T \mathbf{Z}_i$
8　$\textbf{return } \hat{P}(c_i), \hat{\boldsymbol{\mu}}_i, \hat{\boldsymbol{\Sigma}}_i \textit{ for all } i = 1, \cdots, k$
　$\textbf{TESTING} (\mathbf{x} \textit{ and } \hat{P}(c_i), \hat{\boldsymbol{\mu}}_i, \hat{\boldsymbol{\Sigma}}_i, \textit{ for all } i \in [1, k]):$
9　$\hat{y} \leftarrow \arg\max_i \{f(\mathbf{x} \mid \hat{\boldsymbol{\mu}}_i, \hat{\boldsymbol{\Sigma}}_i) \cdot P(c_i)\}$
10　$\textbf{return } \hat{y}$

3.6.3　R 语言实现

贝叶斯分类的 R 语言代码如下所示：

```
 1 BayesClassifier <- function(data,classes){
 2     bayes.model <- NULL
 3
 4     data.subsets <- SplitData(data,classes)
 5     cards <- GetCardinality(data.subsets)
 6     prior.p <- GetPriorProbability(cards)
 7     means <- GetMeans(data.subsets,cards)
 8   cov.m <-GetCovarianceMatrix(data.subsets,cards,means)
 9
10     AddCardinality(bayes.model,cards)
11     AddPriorProbability(bayes.model,prior.p)
12     AddMeans(bayes.model,means)
13     AddCovarianceMatrix(bayes.model,cov.m)
14
15     return(bayes.model)
16 }
17
18 TestClassifier <- function(x){
19     data <- GetTrainingData()
20     classes <- GetClasses()
21     bayes.model <- BayesClassifier(data,classes)
22
23     y <- GetLabelForMaxPostProbability(bayes.model,x)
24
25     return(y)
26 }
```

下一节将介绍贝叶斯分类算法的应用实例。

3.6.4　木马流量识别方法

所谓木马，指的是一种恶意程序，在合法程序的外表下偷偷摸摸地执行它的操作。木马有特定的模式和独特的恶意行为（如流量或其他操作）。比如，木马可以盗取账户信息和敏感系统信息以便准备进一步的攻击。它也可以为动态端口的进程建立分支，冒充软件并将受影响的服务重导向到其他系统，使得攻击者可以使用它们来劫持连接，截获有价值的数据，注入虚假信息或网络钓鱼。

根据木马的目的，木马可以分为多种不同的类型，每种类型均具有某种流量行为。通过识别木马流量，可以进一步处理来保护信息。因此，检测系统中的木马的一个重要任务就是检测木马流量。与正常软件相比，木马的行为可视为一种异常值。因此，可以应用分类算法，如贝叶斯分类算法，检测异常值。下图展示了木马流量的行为。

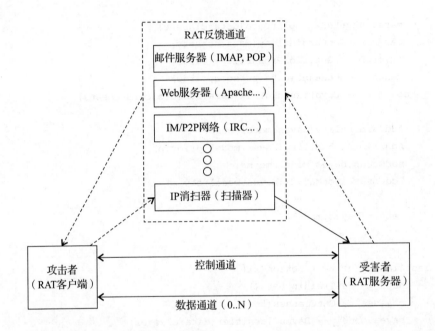

恶意流量行为包括（但不局限于）欺骗的源 IP 地址、扫描地址 / 端口流量的（短和长）术语，这些通常是为继续攻击服务的。已知的木马流量行为用作正训练实例，正常流量行为在训练数据集中用作负数据实例（negative data instances）。这些数据集可通过 NGO 连续地收集。

数据集的属性包括最近 DNS 请求、主机上的 NetBIOS 名字表、ARP 缓存、内部网路由表、套接字链接、进程映像、系统端口行为、开放文件更新、远程文件更新、shell 历史、分组 TCP/IP 头文件信息、IP 头文件识别字段（IPID）、**生存时间**（TTL）等。一个数据集的可能的属性集合包括源 IP、端口、目标 IP、目标端口、流数、分组数、字节数、某个检验点的时间戳和检测的类标签。DNS 流量在木马检测中起着重要作用，木马的流量与 DNS 流量有一定的关系。

传统的木马检测技术通常依赖于木马的签名，签名可以通过动态端口、加密信息等进行伪装。这产生了用于木马流量分类的挖掘技术。贝叶斯分类器是其中较好的一种方法。检测的流程如下图所示。

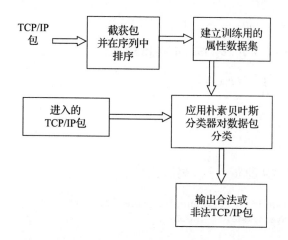

3.7 垃圾邮件识别和朴素贝叶斯分类

朴素贝叶斯分类假定所有属性是独立的，它简化了贝叶斯分类且不需要相关的概率计算。可以通过下式定义似然概率。

$$P(x|c_i) = P(x_1, x_2, .., x_d|c_i) = \prod_{j=1}^{d} P(x_j \mid c_i)$$

朴素贝叶斯分类有以下一些特征：

❏ 对孤立噪声具有鲁棒性。

❏ 对不相关属性具有鲁棒性。

❏ 由于受到输入数据集中具有相关性的属性的影响，性能可能下降。

3.7.1 朴素贝叶斯分类

朴素贝叶斯分类算法与贝叶斯分类算法的差别不太，它的伪代码如下所示。

$\textsc{NaiveBayes} \, (\mathbf{D} = \{(\mathbf{x}_j, y_j)\}_{j=1}^n):$

$\textbf{for } i = 1, \cdots, k \textbf{ do}$

$\quad \mathbf{D}_i \leftarrow \{\mathbf{x}_j \mid y_j = c_i, j = 1, \cdots, n\}$

$\quad n_i \leftarrow |\mathbf{D}_i|$

$\quad \hat{P}(c_i) \leftarrow n_i/n$

$\quad \hat{\boldsymbol{\mu}}_i \leftarrow \frac{1}{n_i} \sum_{\mathbf{x}_j \in \mathbf{D}_i} \mathbf{x}_j$

$\quad \mathbf{Z}_i = \mathbf{D}_i - \mathbf{1} \cdot \hat{\boldsymbol{\mu}}_i^T$

$\quad \textbf{for } j = 1, .., d \textbf{ do}$

$\quad \quad \hat{\sigma}_{ij}^2 \leftarrow \frac{1}{n_i} Z_{ij}^T Z_{ij}$

$\quad \hat{\boldsymbol{\sigma}}_i = \left(\hat{\sigma}_{i1}^2, \ldots, \hat{\sigma}_{id}^2\right)^T$

$$\textbf{return } \hat{P}(c_i), \hat{\boldsymbol{\mu}}_i, \hat{\boldsymbol{\sigma}}_i \text{ for all } i = 1, \cdots, k$$

$$\textsc{Testing } (\text{x and } \hat{P}(c_i), \hat{\mu}_i, \hat{\sigma}_i, \text{ for all } i \in [1, k]):$$

$$\hat{y} \leftarrow \arg\max_i \left\{ \hat{P}(c_i) \prod_{j=1}^{d} f(x_j | \hat{\mu}_{ij}, \hat{\sigma}_{ij}^2) \right\}$$

$$\textbf{return } \hat{y}$$

3.7.2　R 语言实现

朴素贝叶斯分类算法的 R 语言代码如下所示：

```
 1 NaiveBayesClassifier <- function(data,classes){
 2    naive.bayes.model <- NULL
 3
 4    data.subsets <- SplitData(data,classes)
 5    cards <- GetCardinality(data.subsets)
 6    prior.p <- GetPriorProbability(cards)
 7    means <- GetMeans(data.subsets,cards)
 8    variances.m <- GetVariancesMatrix
          (data.subsets,cards,means)
 9
10    AddCardinality(naive.bayes.model,cards)
11    AddPriorProbability(naive.bayes.model,prior.p)
12    AddMeans(naive.bayes.model,means)
13    AddVariancesMatrix(naive.bayes.model,variances.m)
14
15    return(naive.bayes.model)
16 }

17
18 TestClassifier <- function(x){
19    data <- GetTrainingData()
20    classes <- GetClasses()
21    naive.bayes.model <- NaiveBayesClassifier(data,classes)
22
23    y <- GetLabelForMaxPostProbability(bayes.model,x)
24
25    return(y)
26 }
```

下一节介绍朴素贝叶斯分类算法一个应用实例。

3.7.3　垃圾邮件识别

垃圾邮件是因特网的一个重要问题。垃圾邮件通常是为了推送广告与促销、传播恶意软件等，向无关的接收者发送的无关的、不合适的及未经请求的邮件。

文本检索会议（Text Retrieval Conference，TREC）对垃圾邮件的正式定义为：与邮件接收者没有关系的发送者不加区分地直接或间接发送未经请求的、不想要的邮件。

电子邮件用户、商业电子邮件竞争、可疑电子邮件使用的增长产生了大量的垃圾邮件，这反过来需要高效检测垃圾邮件的解决方案。

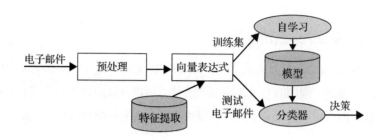

电子邮件垃圾过滤器可以自动识别垃圾邮件并阻止进一步发送垃圾邮件。这里，分类器可视为垃圾检测器。一种解决方法是将多个电子邮件垃圾分类器的输入进行组合以便提出改进的分类有效性和鲁棒性。

垃圾邮件可以通过其内容、标题等进行判断。因此，邮件的属性，如主题、内容、发送者地址、IP 地址、与时间相关的属性、收件数 / 发件数、通信交互平均，可以作为数据集中数据实例的属性集。举例来说，属性可以包括出现的 HTML 表单标签、基于 IP 的 URL、链接到域的时间、非匹配的 URL、HTML 邮件、邮件正文中包含的链接数等。候选属性包括离散类型和连续类型。

朴素贝叶斯分类器的训练数据集由标记为垃圾的邮件和合法的邮件组成。

3.8　基于规则的计算机游戏玩家类型分类和基于规则的分类

与其他分类算法相比，基于规则的分类学习模型是由 IF-THEN 规则集建立的。这些规则可以从决策树变换而来，也可根据下面的算法得出。IF-THEN 规则有如下的格式：

IF　条件成立　THEN　得出结论

另一种格式为：

规则前件←规则后件

对于给定的数据集中的实例或记录，如果规则前件为真，则定义规则覆盖该实例，或实例符合该规则。

给定规则 R，规则的覆盖率和准确率定义为：

$$\text{Coverage}(R) = \frac{|D_{\text{cover}}|}{|D|}$$

$$\text{Accuracy}(R) = \frac{|D_{\text{correct}}|}{|D_{\text{cover}}|}$$

3.8.1 从决策树变换为决策规则

决策树可以很方便地变换为决策规则。沿着决策树中从根节点到叶子节点的每一条路径可以写一条决策规则。规则的左边，即规则前件，可以通过组合不同节点和连接线的标签得到，规则的后件即为对应的叶子节点。下图给出了从决策树中提取决策规则的一个实例。

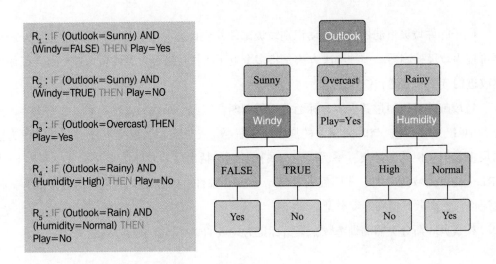

一个重要的问题是如何对生成的规则集进行剪枝。

3.8.2 基于规则的分类

顺序地学习规则，每次只学习一条规则。下面是创建基于规则学习器的伪代码。LearnOneRule 函数采用了贪婪策略。它的目标是最大可能地覆盖源数据集中的正实例（positive instance），同时使得其中负实例数尽量少甚至没有。源数据集中具有给定类的所有实例定义为正实例，而属于其他类的实例定义为负实例（negative instance）。算法首先产生一条初始规则 r，然后通过不断地改进 r 直到满足停止条件。

3.8.3　序列覆盖算法

下面给出通用序列覆盖算法的伪代码。输入参数包括带有类标签元组的数据集和带有所有可能值的属性集合，输出为 IF-THEN 规则集。

Sequential covering
Learn a set of IF-THEN rules for classification.
Input:
- *D*, a data set of class-labeled tuples;
- *Att_vals*, the set of all attributes and their possible values.

Output: A set of IF-THEN rules.
Method:
```
        Rule_set = {};
        for each class c do
            repeat
                    Rule = Learn_One_Rule(D, Att_vals, c);
                    remove tuples covered by Rule from D;
                    Rule_set = Rule_set + Rule;
            until terminating condition;
        endfor
        return Rule_Set;
```

3.8.4　RIPPER 算法

RIPPER（Repeated Incremental Pruning to Produce Error Reduction）算法是直接基于规则的分类器，其中的规则集更容易解释，且更适于解决不平衡问题。

当规则生长时，算法从空规则开始，添加连接词，它最大化或改进信息增益度量，即 FOIL。当算法结束时，规则不包含负规则。随后，立即对得到的规则应用逐步降低误差剪枝法进行剪枝。当它最大化剪枝 v 的度量时，删除最后的条件序列，v 的计算公式为：

$$v = \frac{p-n}{p+n}$$

采用序列覆盖算法构建规则集合。当新的规则添加到规则集合时，计算新的**描述长度**（DL）。然后规则集达到最优。

假定规则覆盖的正实例数为 p，负规则数为 n。P 表示该类的正实例数，N 表示该类的负实例数。

$$G = p \left[\log\left(\frac{p}{t}\right) - \log\left(\frac{P}{T}\right) \right]$$

$$W = \frac{p+1}{t+2}$$

$$A = \frac{p + n'}{T}, \quad 当前规则的准确率$$

RIPPER 算法的伪代码如下所示:

```
Initialize E to the instance set
For each class C, from smallest to largest
    BUILD:
        Split E into Growing and Pruning sets in the ratio 2:1
        Repeat until (a) there are no more uncovered examples of C; or (b) the
            description length (DL) of ruleset and examples is 64 bits greater
            than the smallest DL found so far, or (c) the error rate exceeds
            50%:
            GROW phase: Grow a rule by greedily adding conditions until the rule
                is 100% accurate by testing every possible value of each attribute
                and selecting the condition with greatest information gain G
            PRUNE phase: Prune conditions in last-to-first order. Continue as long
                as the worth W of the rule increases
    OPTIMIZE:
        GENERATE VARIANTS:
        For each rule R for class C,
            Split E afresh into Growing and Pruning sets
            Remove all instances from the Pruning set that are covered by other
                rules for C
            Use GROW and PRUNE to generate and prune two competing rules from the
                newly-split data:
                R1 is a new rule, rebuilt from scratch;
                R2 is generated by greedily adding antecedents to R.
            Prune using the metric A (instead of W) on this reduced data
        SELECT REPRESENTATIVE:
        Replace R by whichever of R, R1 and R2 has the smallest DL.
    MOP UP:
        If there are residual uncovered instances of class C, return to the
            BUILD stage to generate more rules based on these instances.
    CLEAN UP:
        Calculate DL for the whole ruleset and for the ruleset with each rule in
            turn omitted; delete any rule that increases the DL
        Remove instances covered by the rules just generated
Continue
```

R 语言实现

基于规则的分类的 R 语言实现代码为:

```
1 SequentialCovering <- function(data,x,classes){
2    rule.set <- NULL
```

```
3
4     classes.size <- GetCount(classes)
5      idx <- 0
6     while( idx <= classes.size ){
7         idx <- idx+1
8         one.class <- GetAt(classes,idx)
9         repeat{
10            one.rule <- LearnOneRule(newdata,x,one.class)
11            data <- FilterData(data,one.rule)
12            AddRule(rule.set,one.rule)
13            if(CheckTermination(data,x,classes,rule.set)){
14                break;
15            }
16        }
17    }
18    return(rule.set)
19 }
```

下一节将介绍基于规则的分类算法的一个应用实例。

3.8.5　计算机游戏玩家类型的基于规则的分类

在计算机游戏的发展和游戏的背景中，需不断地提升游戏的体验。对游戏玩家类型进行分类是一个重要任务，它有助于改善游戏的设计。

流行的玩家热度类型模型是 DGD 玩家拓扑模型，如下图所示。给定该模型，可以用合适的类型对游戏玩家进行标识，解释游戏，它有助于设计新的游戏等。

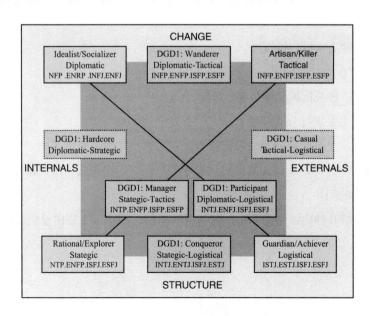

基于玩家行为或模型，可以用数据集训练决策树模型，并从训练后的决策树模型得到规则集合。数据集可以来自游戏日志或某些预定义的领域知识。

3.9 练习

下面的练习用来检查你对所学知识的理解。

☐ 在较小的数据集上一步一步地运行 ID3 算法的 R 代码，以便跟踪每一步中重要因子的值的变化。

☐ 准备与网络日志相关的数据集并创建使用 ID3 算法对网络攻击进行检测的应用程序。

☐ 用 R 语言编程实现从决策树生成决策规则。

☐ 详述增益比的定义。

3.10 总结

在本章中，主要学习了以下内容：

☐ 分类就是将实例指派到预定义的一个类别中。

☐ 决策树归纳是在监督学习模式下，从具有实例和类标签数对的源数据集中学习决策树。

☐ ID3 是一种决策树归纳算法。

☐ C4.5 是 ID3 的扩展。

☐ CART 是一种决策树归纳算法。

☐ 贝叶斯分类是统计分类算法。

☐ 朴素贝叶斯是贝叶斯分类的简化版本，它基于独立性的假设。

☐ 基于规则的分类是应用规则集的分类模型，它是直接算法、序列覆盖算法和通过决策树变换的间接方法的集合。

下一章将介绍几种高级分类算法，包括贝叶斯信念网络、支持向量机、k 近邻算法等。

第 4 章 | Chapter 4

高级分类算法

本章将介绍几种用 R 语言实现的高级分类算法，还介绍提升分类的性能的方法。

本章包含以下主题：

❑ 集成方法。

❑ 生物学特征和贝叶斯信念网络。

❑ 蛋白质分类和 k 近邻算法。

❑ 文档检索和支持向量机。

❑ 使用序列频繁项集的文本分类和使用频繁模式的分类。

❑ 使用反向传播算法的分类。

4.1　集成方法

为提升分类的准确率，提出了集成方法（EM）。与基础分类器相比，这些集成方法可以极大地提升分类的准确率，因为只有当过半的基础分类器的结果出错时，集成方法才会出错。

下图说明了 EM 方法的概念结构。

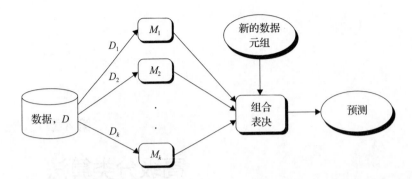

新数据元组的标签是基础分类器组表决的结果。基于多个基础分类器来构建组合的分类器。每个分类器的训练过程基于不同的数据集成或者是对原始的训练数据集进行有放回抽样得到的训练数据集进行训练。

下面将主要介绍 3 种流行的 EM 方法：

❏ Bagging 算法

❏ Boosting 算法

❏ 随机森林算法

4.1.1 Bagging 算法

这里对 Bagging 算法（bootstrap aggregation）做简单介绍，然后给出它的伪代码。对于第 $i(i \in [1, k])$ 次迭代，元组集 D 通过对初始数据进行有放回抽样得到包含 d 个元组的训练数据集 D_i。采用 Bootstrap 抽样方法（有放回抽样法）对训练集进行抽样，然后使用它学习一个分类模型 M_i。为了分类未知的或测试元组 X，每个分类器 M_i 返回它的类预测，它作为一次表决。给定测试元组 X，假设预测为同一个类 c_j 的分类器数量如下所示：

$$v_j(X) = \left| \{ M_i(x) = c_j \big| i \in [1, K] \} \right|$$

Bagged 分类器 M_* 统计表决结果并将得票数最多的预测类分配给 X。式中每个表决有相同的权重。

$$M_*(X) = \underset{c_j}{\operatorname{argmax}} \{ v_j(X) | j \in [1, K] \}$$

对于连续值的预测，使用给定预测元组的每个预测的平均值作为结果。这种算法降低了方差，给出比基础分类器更准确的结果。

Bagging 算法的输入参数有：

❏ D：训练元组数据集。

❑ K：这是组合的分类器的数目。

❑ S：这是学习基础分类器的分类学习算法或方案。

❑ M_*：集成分类器，它是算法的输出。

Bagging 算法的伪代码如下所示。

```
1: Bagging (D, K, S) {
2:    for (j ← 1; j ≤ K; j++) {
3:        Create bootstrap sample, D_j, by sampling D with replacement
4:        Learning a model M_j with D_j and S;
5:    }
6: }
```

4.1.2　Boosting 和 AdaBoost 算法

与集成方法相反，Boosting 算法对每个基础分类器的训练元组数据集进行加权表决和加权抽样。迭代地学习基础分类器。一旦学习了分类器，就用基础分类器的下一次学习的新算法更新相关的权重。这种连续模型学习将突出前一个分类器错误分类的元组。因此，当组合分类器面对未知的测试元组时，一个特定分类器的准确性在组合分类器中对于最后的投票分类结果起着非常重要的作用。自适应 Boosting 或 AdaBoost 也是 Boosting 算法中的一种。如果算法包含 K 个基础分类器，那么 AdaBoost 算法将执行 K 次。给定元组数据集 D_i 及其对应的分类器 M_i，分类器 M_i 的错误率 error(M_i) 定义为：

$$\text{error}(M_i) = \sum_{j=1}^{d} w_j \times \text{error}(X_j)$$

当分类器 M_i 的错误率大于 0.5 时，新分类器 M_i 将被丢弃。对于这个分类器将重新抽样训练元组集，并从头开始训练这个分类器。

对于元组 $\forall X_j \in D_i$，误差函数定义为：

$$\text{error}(X_j) = \begin{cases} 1, & \text{错误分类时} \\ 0, & \text{其他情况下} \end{cases}$$

训练元组数据集中所有的元组的权重都初始化为 $1/d$，$d=|D_i|$。当从训练元组集 D_i 学习得到分类器 M_i 时，元组的权重（已正确分类）乘以 $\dfrac{\text{error}(M_i)}{1-\text{error}(M_i)}$。更新后，对所有元组的权重进行标准化，也就是分类后的元组的权重增加，其他的权重下降。

分类器 M_i 的表决权重为：

$$\log \frac{1-\text{error}\left(M_i\right)}{\text{error}\left(M_i\right)}$$

定义 K 个分类器对类别 c_j 的投票权重为 $v_j(x)$，第 i 个分类器的权重记为 α_i，则有

$$v_j\left(X\right)=\sum_{i=1}^{K}\alpha_i * I\left(M_i\left(x\right)=c_j\right), \quad I\left(M_i\left(x\right)=c_j\right)=\begin{cases}1, & \text{当 } M_i\left(x\right)=c_j \text{ 时}\\0, & \text{其他情况下}\end{cases}$$

AdaBoost 组合分类器 M_* 统计该样品 X 属于各个类的票数并与相应权重相乘后的票数，并将票数最高的类别赋给 X。在下式中，每次投票的权重相同，计算公式为：

$$M_*\left(X\right)=\underbrace{\text{argmax}}_{c_j}\left\{v_j\left(X\right)\middle| j\in\left[1, d\right]\right\}$$

AdaBoost 算法的输入参数为：

❑ 训练数据集 D

❑ 训练的次数 k

❑ 分类学习算法

算法的输出是一个复合模型。AdaBoost 算法的伪代码如下所示：

1: $Adaboost\left(D, K, S\right)$ {

2: 　$set\,the\,initial\,value\,as\,\dfrac{1}{d}\,for\,the\,weight\,of\,each\,training\,tuple;$

3: 　$for\left(j\leftarrow 1; j\le k; j++\right)$ {

4: 　　$Create\,bootstrap\,sample, D_j, by\,sampling\,D\,with\,replacement$

5: 　　$Sample\,D\,with\,replacement\,according\,to\,the\,tuple\,weights\,to\,get\,D_j;$

6: 　　$Learning\,a\,model\,M_j\,with\,D_j;$

7: 　　$compute\,the\,error\,rate\,of\,M_j, i.e., error\left(D_j\right);$

8: 　　$if\left(error\left(M_j\right)>0.5\right)$ {

9: 　　　$go\,back\,to\,step\,3\,and\,try\,again;$

10: 　　}

11: 　　$for\left(each\,tuple\,in\,D_j\,that\,was\,correctly\,classified\right)$ {

12: 　　　$updates\,its\,weight\,value\,by\,multiplying\,with\,\dfrac{error\left(M_j\right)}{1-error\left(M_j\right)};$

13: 　　}

14: 　　$normalize\,the\,weight\,of\,each\,tuple;$

15: 　}

16: }

4.1.3 随机森林算法

随机森林是将不同的决策树组合在一起的集成方法，每个节点分裂时应用随机选择的属性选择策略生成决策树的策略。给定未知的元组，每个分类器表决，最受欢迎的一个表决将确定最后的结果。生成森林的 ForestRI 算法的伪代码如下所示。

```
1: GenerateForestRI(T,CPT) {
2:    T ← (X₁, X₂, ..., X_d); //T denotes a total order of the variables
3:    for (j ← 1; j ≤ d; j++) {
4:        Let X_T(j) denote the j − th highesst order variable in T
5:        Let π(X_T(j)) ← {X_T(1), X_T(2), ..., X_T(j−1)}; //denotes the set of variables
   preceding X_T(j)
6:        Remove the variables from π(X_T(j)) that do not affect X_j (Using prior
   knowledge)
7:        Create an arc between X_T(j) and the remaining variables in π(X_T(j)).
8:    }
9: }
```

在第 2 行中，T 表示变量的全序；在第 5 行中，$\pi(X_{T(j)})$ 表示在 $X_{T(j)}$ 前的变量，第 6 行需要一定的先验知识。

对于另一个算法，ForestRC，在节点分裂时没有采用随机属性选择，而是采用现有属性的随机线性组合策略执行分裂。通过初始属性集的随机线性组合来构建新的属性。随着新属性的加入，分类器就会对这些新加入的属性和原始属性构成的更新过的属性集进行重新搜索，以获取最佳分裂。

4.1.4 R 语言实现

这里给出了 Bagging、AdaBoost 和随机森林算法的 R 语言实现。具体代码请查看 R 代码文件 ch_04_bagging.R、ch_04_adaboost.R、ch_04_forestrc.R 和 ch_04_forestri.R。这些代码可以通用以下命令进行测试。

```
> source("ch_04_forestrc.R")
> source("ch_04_forestri.R")
> source("ch_04_forestrc.R")
> source("ch_04_forestri.R")
```

4.1.5 基于 MapReduce 的并行版本

下面给出并行 AdaBoost 算法。该算法依赖于构建 Boosting 分类器的"工人"。第 p 个"工人"的数据集可以表示为：

$$D_{n^p}^p = \{(\mathrm{x}_1^p, \mathrm{y}_1^p), (\mathrm{x}_2^p, \mathrm{y}_2^p), ..., (\mathrm{x}_{n^p}^p, \mathrm{y}_{n^p}^p)\}$$

其中，n^p 代表样本大小，$p \in \{1, ..., M\}$。

分类器 H^p 可以用下式表示，其中 $\alpha^{p(t)}$ 为权重。

$$\{(h^{p(1)}, \alpha^{p(1)}), (h^{p(2)}, \alpha^{p(2)}), ..., (h^{p(T)}, \alpha^{p(T)})\}$$

输出为最终的分类器，算法的输入为 M 个"工人"的训练数据集 $(D_{n^1}^1, \cdots, D_{n^M}^M)$。

ADABOOST.PL($D_{n^1}^1, ..., D_{n^M}^M, T$)
1: **for** $p \leftarrow 1$ to M **do**
2:     $H^p \leftarrow$ ADABOOST($D_{N^P}^P, T$)
3:     $H^{p^*} \leftarrow$ the weak classifiers in H^p sorted w.r.t. $\alpha^{p(t)}$
4: **end for**
5: **for** $t \leftarrow 1$ to T **do**
6:     $h^{(t)} \leftarrow$ MERGE($h^{1^*(t)}, ..., h^{M^*(t)}$)
7:     $\alpha^t \leftarrow \frac{1}{M} \sum_{p=1}^{M} \alpha^{p^*(t)}$
8: **end for**
9: return $H = \sum_{t=1}^{T} \alpha^t h^{(t)}$

4.2 生物学特征和贝叶斯信念网络

经训练后得到的贝叶斯信念网络（BBN）可用于分类。根据贝叶斯定理（定义见 3.6.2 节），贝叶斯网络由两部分组成：一是有向无环图；二是每个变量的**条件概率表**（CPT）。这分别由图中的一个节点来表示，通过以图形方式表示不同组成部分间的依赖关系这种方式来对不确定性进行建模。图中的弧表示因果关系。贝叶斯网络图形象地说明了各部分不确定性之间的交互作用。

贝叶斯网络图中的不确定性来自多个不同的源：

❑ 关联专家知识的方式

❑ 领域固有的不确定性

❑ 变换知识的需求

❑ 知识的准确性和可用性

这里给出一个包含 4 个布尔变量及其对应弧的贝叶斯信念网络示例。草地是否潮湿受到洒水车和是否已经下雨的影响，图中每条弧都有一定的概率。

注意 P(WetGrass = T|Sprinkler = F, Rain = T) = 0.9 的 CPT 表示:

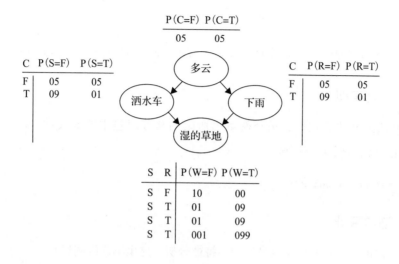

在贝叶斯信念网络中,每个变量都有条件地独立于其非子节点、联合概率分布定义为:

$$P(x_1, x_2, \ldots, x_n) = \sum_{i=1}^{n} P(x_i \mid \text{Parents}(Y_i))$$

4.2.1　贝叶斯信念网络算法

在应用 BBN 算法进行分类前,首先需要对网络进行训练。在训练过程中,专家知识(即先验知识)可以用来指导网络的设计。对于网络中直接依赖的变量,专家必须指定其条件概率。从训练数据集学习网络的方法有很多,这里介绍自适应概率网络算法。

BBN 算法的输入参数有:

❑ T:表示变量的全序。

❑ CPT:条件概率表。

算法的输出为 BBN 拓扑结构,代码如下所示:

$1: GenerateBBN(T, CPT)\{$

$2: T \leftarrow (X_1, X_2, \ldots, X_d);$

$3: for\ (j \leftarrow 1; j \le d; j++)\{$

$4: \quad Let\ X_{T(j)}\ denote\ the\ j-th\ highest\ order\ variable\ in\ T$

$5: \quad Let\ \pi(X_{T(j)}) \leftarrow \{X_{T(1)}, X_{T(2)}, \ldots, X_{T(j-1)}\};$

$6: \quad Remove\ the\ variables\ from\ \pi(X_{T(j)})\ that\ do\ not\ affect\ X_j$

7:   *Create an arc between $X_{T(j)}$ and the remaining variables in $\pi\left(X_{T(j)}\right)$.*
8:   }
9: }

在第 2 行中，T 表示变量的全序，在第 5 行中，$\pi(X_{T(j)})$ 表示 $X_{T(j)}$ 前的变量集合。

4.2.2　R 语言实现

上述算法的 R 语言代码，请查阅本书所附的 R 代码包中的 R 文件 `ch_04_bnn.R`，该代码可通过以下命令进行测试。

```
> source("ch_04_bnn.R")
```

4.2.3　生物学特征

BNN 算法的一个重要应用就是生物学特征分析。这里不详细阐述它。

4.3　蛋白质分类和 k 近邻算法

***k* 近邻（*k*NN）算法**是一种懒惰学习算法，这种算法的学习过程是在测试实例（或测试元组）给出的前提下进行的。

单个训练元组可以用 n 维空间中的一个点来表示，也就是说，使用 n 个属性的组合来表示具体的训练元组。在需要分类的测试元组到来前，没有具体的训练元组。需要一些预处理步骤，如数据标准化。当某个属性值比其他属性值大时，通常需要进行标准化处理。这里在数据变换中应用数据标准化进行预处理。

当给定测试元组时，通过特定的度量来计算测试元组之间和训练元组之间的距离，从训练元组空间中找出 k 近邻训练元组。这些 k 近邻的训练元组称为 kNN。在真实空间中通常采用欧式距离，计算公式如下所示。这种方法只适用于数值属性。

$$\text{distance}\left(X_p, X_q\right) = \sqrt{\sum_{i=1}^{n}\left(x_{qi} - x_{qi}\right)^2}, \quad X_p, X_q \in R^n$$

对于名义属性，两个属性值之间的差可以定义为 0 或 1。我们已经知道处理属性缺失值的许多方法。使用预定义的阈值，选择在所有训练元组中具有最低错误率的元组数作为 k 值。

测试元组的类标签定义为 kNN 中得票数最高的类。

4.3.1　kNN 算法

kNN 算法的输入参数包含：

☐ D：训练对象的集合。

☐ z：测试对象，它是属性值的向量。

☐ L：用于标识对象的类集合。

算法的输出为测试对象 z 的类，表示为 $c_z \in L$。

算法伪代码如下所示：

$1: GenerateKNN(D, z, L)$ {

$2:$　$for\ (each\ object\ y \in D)$ {

$3:$　　$Compute\ d(z, y), the\ distance\ between\ z\ and\ y;$

$4:$　}

$5:$　$Select\ N \subseteq D, the\ set\ (neighborhood)\ of\ k\ closest\ training\ object\ for\ z;$

$6:$　$c_z = \operatorname{argmax}_{v \in L} \sum_{y \in L} I(v = class(c_y)), I(v = class(c_y)),$　I() is an indicator function that returns the value 1 if its argument is true and 1 otherwise.

$7:$ }

在第 6 行中，函数 I 是指示函数，若它的参数为 true，它返回 1；否则，返回 0。

4.3.2　R 语言实现

kNN 算法的 R 代码实现请查看 R 代码文件 `ch_04_knn.R`。代码可以通过下面的命令进行测试。

```
> source("ch_04_knn.R")
```

4.4　文档检索和支持向量机

支持向量机（SVM）是可以同时应用于线性和非线性数据分类的分类算法。算法基于以下的假设：若两类数据不能通过一个超平面分割，那么将源数据集映射到更高维空间后，必须存在最佳分割超平面。

首先，需要清楚地定义两个概念：

❑ **线性可分**：指根据训练元组的输入可以使用某线性方程将数据集中的不同类别进行分离。

❑ **非线性可分**：空间中不存在和训练数据集维数一致的线性方程。

给定权重向量 W 和训练元组 X，线性超平面可以表示为线性判别方程：

$$W = (w_1, w_2, \ldots, w_n)$$

$$X = (x_1, x_2, \ldots, x_n)$$

$$g(X) = W \cdot X^T + b = 0$$

对于上式，可以用下图来解释超平面的概念。

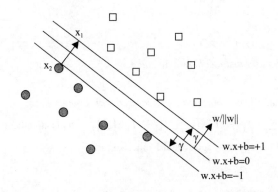

支持向量机的目标是找到最佳超平面，使得属于不同类的数据点之间的边缘距离最大。

有两个等距离的超平面，它们平行于 $g(X)=W*X^T+b=0$ 超平面。它们是边界超平面并且所有的支持向量都在它们上面，如下图所示。

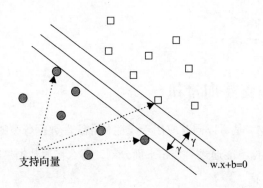

在下图中，给出一个线性可分的情况。

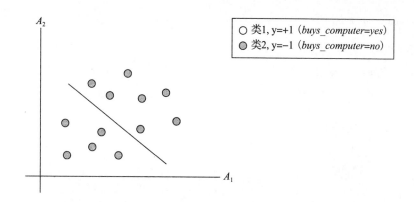

在下图中，在将低维空间的向量映射到高维空间后，非线性可分的情形将变换为线性可分的情况，如下图所示。

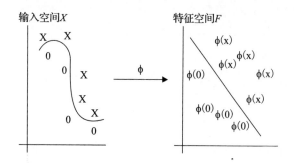

4.4.1　支持向量机算法

两个支持向量机的输入参数如下所示：

❏ D：训练对象的集合

❏ K

❏ C

❏ ε

算法的输出为支持向量机算法。算法的伪代码如下所示：

1: $DualSVM(D, K, C, \varepsilon)$ {

2: 　$for(each\ x_j \in D)$ {

3: 　　$x_j \leftarrow \begin{pmatrix} x_j \\ 1 \end{pmatrix}$

4: 　}

5: $if(loss = quadratic)\{$

6: $\quad K \leftarrow \{K(x_i, x_j) + \dfrac{1}{2*C}\delta_{ij}\}, i, j = 1, ..., n$

7: $\}else\ if(loss = longe)\{$

8: $\quad K \leftarrow \{K(x_i, x_j)\}, i, j = 1, .., n$

9: $\}$

10: $for(each\ j \in [1, n])\{$

11: $\quad \eta_j \leftarrow \dfrac{1}{K(x_j, x_j)}$

12: $\}$

13: $t \leftarrow 0$

14: $\alpha_0 \leftarrow (0, ..., 0)^T$

15: $do\{$

16: $\quad \alpha \leftarrow \alpha_t$

17: $\quad for(k=1;\ k \leq l;\ k++)\{$

18: $\quad\quad \alpha_k \leftarrow \alpha_k + \eta_k * \left(1 - y_k * \left(\sum_{i=1}^{n} \alpha_i * y_i * K(x_i, x_k)\right)\right)$

19: $\quad\quad if(\alpha_k < 0)\ \alpha_k \leftarrow 0$

20: $\quad\quad if(\alpha_k < C)\ \alpha_k \leftarrow C$

21: $\quad \}$

22: $\quad \alpha_{t+1} \leftarrow \alpha$

23: $\quad t \leftarrow t+1$

24: $\}until(\|\alpha_t - \alpha_{t-1}\| \leq \varepsilon)$

25: $\}$

下面给出 SVM 算法的另一个版本，这种算法称为原核支持向量机算法。原核支持向量机算法的输入参数有：

❑ D：训练对象的集合

❑ K

❑ C

❑ ε

算法的输出为支持向量机模型。算法的伪代码片段如下所示：

1: $PrimalKernalSVM(D, K, C, \varepsilon)\{$

2: $for(each\ x_j \in D)\{$

3: $\quad x_j \leftarrow \left(\dfrac{x_j}{1}\right)$

4: $\}$

$5: K \leftarrow \{K(x_i, x_j)\}, i, j = 1, .., n$

$6: t \leftarrow 0$

$7: \beta_0 \leftarrow (0, ..., 0)^T, \beta_0, \beta_t \in R^n$

$8: do\{$

$9: \quad v \leftarrow \sum_{yi(K_i^T * \beta_t) < 1} y_i * K_i$

$10: \quad s \leftarrow \sum_{yi(K_i^T * \beta_t) < 1} y_i * K_i$

$11: \quad \nabla \leftarrow (K + 2CS)\beta_t - 2C * v$

$12: \quad H \leftarrow K + 2CS$

$13: \quad 22: \beta_{t+1} \leftarrow \beta_t - \eta_t * H^{-1} * \nabla$

$14: \quad t \leftarrow t + 1$

$15: \}until(\|\beta_t - \beta_{t-1}\| \leq \varepsilon)$

$16: \}$

4.4.2　R 语言实现

上述算法可以参考本书给出的 R 代码包中的代码文件 ch_04_svm.R。代码可通过以下命令进行测试。

```
> source("ch_04_svm.R")
```

4.4.3　基于 MapReduce 的并行版本

随着在线计算需求的不断增长，更需要高性能、鲁棒、高准确率的分类算法或平台（如移动云应用）。并行支持向量机通过 MapReduce 技术分配最优计算，同时高效地处理大规模的数据集。并行 SVM 算法有多种实现版本，这里仅介绍其中一种。

t 表示迭代次数，l 表示 MapReduce 函数的大小，h^t 表示第 t 次迭代的最优假设，D_l 是节点 l 的子数据集，SV_l 是节点 l 的支持向量，SV_{global} 是全局支持向量，算法如下所示。

1. As initialization, the global support vector set as $t = 0, SV^t = \emptyset$
2. $t = t + 1$
3. For any computer in $l, l = 1, ..., L$ reads global SVs and merge them with subset of training data
4. Train SVM algorithm with merged new dataset
5. Find out support vectors
6. After all computers in cloud system complete their training phase, merge all calculated SVs and save the result to the global SVs
7. If $h^t = h^{t-1}$ stop, otherwise go to step 2

然后，设计映射（mapper）算法，在 while 循环后直接是 for 循环，它对每一个子集进行循环。

映射函数

$$SV_{Global} = \emptyset$$
$$\text{while } h^t \neq h^{t-1}$$
$$\quad \text{for } l \in L \text{ do}$$
$$\qquad D_l^t \leftarrow D_l^t \cup SV_{Global}^t$$
$$\quad \text{end for}$$
$$\text{end while}$$

最后，设计归约（reducer）算法。在第 3 行，每个 while 循环中均包含 for 循环。这是通过对合并数据集来进行训练以便得到支持向量和二元分类假设。

归约函数

$$\text{while } h^t \neq h^{t-1} \text{do}$$
$$\quad \text{for } l \in L$$
$$\qquad SV_l, h^t \leftarrow binarySvm(D_l)$$
$$\quad \text{end for}$$
$$\quad \text{for } l \in L$$
$$\qquad SV_{Global} \leftarrow SV_{Global} \cup SV_l$$
$$\quad \text{end for}$$
$$\text{end while}$$

4.4.4 文档检索

支持向量机的一个重要应用是文档检索，它有一个静态信息库，任务是获取文档排名作为对用户请求的响应。向量模型是广泛使用的文档检索或信息检索模型。

4.5 基于频繁模式的分类

基于频繁模式的分类有以下两种类型：

❏ 关联分类模型和关联规则，它们是从频繁模式中产生的并用于分类。

❏ 基于判别频繁模式的分类。

4.5.1 关联分类

这里给出通用关联分类算法的定义。算法的输入参数如下所示：

❏ D：训练对象的集合。

❏ F：项集。

❏ MIN_SUP：最小支持度。

❏ MIN_CONF：最小置信度。

算法的输出为基于规则的分类器，如下所示：

1: *GenerateGenericAC(D, F, MIN_SUP, MIN_CONF){*
2:　*Perform association mining, satisfying the minimal support and confidence too,*
3:　*Build a rule-based classifier based on the transformation of result rules*
4: }

下面介绍两种常见的算法，一是**基于关联规则的分类**（Classification Based on Associa-tion，CBA），二是**基于多关联规则的分类**（Classification Based on Multiple Association Ruler，CMAR）。

CBA

CBA 算法的伪代码如下所示：

1: *GenerateCBA(D, F, MIN_SUP, MIN_CONF){*
2:　*Perform association mining*
3:　*Let R is the resulting rules set*
4:　*Let C be a empty rule – based classifier*
5:　*for(each r in R){*
6:　　*Intergrating r into the C with an improved rule-based classifier*
7:　}
8: }

4.5.2　基于判别频繁模式的分类

基于判别频繁模式的分类算法的伪代码如下所示：

1: *GenerateDFPC(D, F, MIN_SUP, MIN_CONF){*
2:　*Perform association mining, satisfying the minimal support and confidence*
3:　*Let R is the resulting rules set, R is ordered in decreasing precedence based,*
on the MIN_SUP and MIN_CONF, for the rules with same antecedent,
the one with highest confidence is kept, others discarded
4:　*Let C be a empty rule-based classifier*
5:　*for(each r in R){*
6:　　*Intergrating r into the C with an improved rule-based classifier*
7:　}
8: }

4.5.3　R 语言实现

上述算法的 R 语言实现代码请参看本书的 R 代码包中的代码文件 ch_04_associative_

classification.R、ch_04_cba.R、ch_04_pattern_based_classification.R。这些代码可以通过以下命令进行测试。

```
> source("ch_04_associative_classification.R")
> source("ch_04_cba.R")
> source("ch_04_frequent_pattern_based_classification.R")
```

4.5.4　基于序列频繁项集的文本分类

CBA 算法的一个应用是文本分类。其关键在于构建文档或文本项和标签的矩阵。可以将任何分类算法应用于构建的矩阵。这里给出一个文档矩阵的例子，其中文本项可以包括字符、单词、短语或概念等。

Y	have	inc	its	last	mln	new	...
1	0.00	1.00	1.00	0.00	0.00	0.00	
1	0.00	0.00	0.00	0.00	1.00	1.00	
0	1.00	0.00	9.00	1.00	2.00	2.00	
0	0.00	0.00	2.00	0.00	1.00	1.00	
1	0.00	0.00	1.00	0.00	0.00	0.00	

4.6　基于反向传播算法的分类

反向传播（BackRropagation，BP）算法通过训练多层前馈神经网络来学习分类模型。下图给出了 BP 神经网络的通用架构，它包含一个输入层、多个隐含层和一个输出层。每层包含多个单元或感知器。每个单元可能与其他单元通过权重连接。训练前，需要初始化这些权值。每层中单元数、隐含层数及不同单元之间的连接都需要在开始时根据经验进行定义。

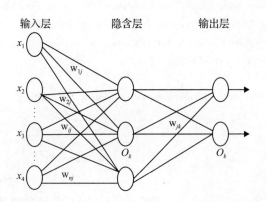

将训练元组分配给输入层，输入层中的每个单元计算某个函数的结果和训练元组的输入属性，然后将输出结果作为隐含层的输入参数，如此逐层计算。因此，神经网络的输出包含输出层中每个单元的所有输出。通过误差反馈来更新连接的权重这种方式来迭代地执行训练，也就是，误差的反向传播。

隐含层或输出层中的单元的原型如下图所示。输入层中，每个单元对应一个输入，这是它与隐含层和输入层的区别。W_{1j} 表示与连接相关的权重。每个单元有一定的偏差 θ，而每个单元对应的门限函数（或激活函数）为 f。

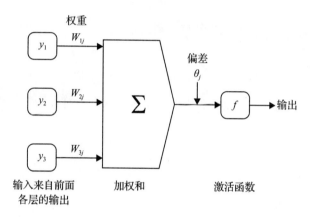

对于隐含层或输出层中的某个单元或感知器，其净输入为前一个单元的每个输入的线性组合的组合，即它的输出是 O_p。令单元 q 的输入连接数为 k，则有：

$$I_q = \sum_{p=1}^{k} w_{pq} O_p + \theta_q$$

单元 q 的输出是 O_p。

$$O_q = \frac{1}{1+e^{-I_q}}$$

若单元 q 位于输出层且 T_q 为训练元组中期望的或已知的输出值，则误差 Err_q 可根据下式计算：

$$\mathrm{Err}_q = O(1-O_q)(T_q - Q_q)$$

若单元 q 位于隐含层，令 w_{qp} 表示从单元 q 到下一层中具有误差 Err_p 的一个单元或训练元组中已知输出值的连接的权重。我们可以计算它的误差为 Err_q 令单元 q 的输出连接数为 M。

$$\mathrm{Err}_q = O\,(1-O_q)\sum_{p=1}^{M}\mathrm{Err}_p w_{qp}$$

经过上述预处理后，可以采用反向传播策略对相应权重和偏差进行更新。令 η 表示学习率，它是一个经验参数，取值在 0 ~ 1 之间。

$$\Delta w_{pq} = (\eta)\,\mathrm{Err}_q O_p$$

$$w_{pq} = w_{pq} + \Delta w_{pq}$$

$$\Delta\,\theta_q = (\eta) + \mathrm{Err}_q$$

$$\theta_q = \theta_q + \Delta\,\theta_q$$

训练元组数据集的每个元组都更新权重和偏差。

4.6.1 BP 算法

在对网络进行训练前，需要定义 BP 算法的输入参数、神经网络的拓扑结构、隐含层的数目以及单元之间的连接，具体参数有：

❏ D：训练元组集。

❏ W：所有权重的初始值。

❏ θ：每个单元的偏差。

❏ I：学习率。

算法的输出为 BP 的拓扑结构，具体包括：

❏ BPNN：训练得到的神经网络。

❏ W：神经网络中连接的权值集合。

这里给出反向传播网络训练的伪代码。

```
1: GenerateBPNN(D,W,θ,I){
2:    Intialized all the weights and biases in network;
3:    While(termination condition is not true){
4:        for(each tuple X in D){
5:        for(each input layer unit j){
6:          O_j ← I_j
7:        }
8:        for(each children or output layer unit j){
9:          I_j ← ∑_i w_ij O_i + θ_j
10:         O_j ← 1/(1-e^{-I_j})
```

```
11:      }
12:      for(each output layer unit  j){
13:          Err_j ← O_j *(1−O_j)*(T_j−O_j)
14:      }
15:      for(each output layer unit  j){
16:          Err_j ← O_j *(1−O_j)*(T_j−O_j)
17:      }
18:      for(each unit in the hidden layers, from last to first hidden layer){
19:          Err_j ← O_j *(1−O_j)* ∑_k Err_k * w_jk
20:      }
21:      for(each weight w_ij in network){
22:          Δw_ij ← (l)* Err_j *O_i
23:          w_ij ← w_ij +Δw_ij
24:      }
25:      for(each bias θ_j in network){
26:          Δθ_j ← (l)* Err_j
27:          θ_j ← θ_j +Δθ_j
28:      }
29:      }
30: }
31:}
```

4.6.2　R 语言实现

BP 算法的 R 语言实现代码请参看本书 R 代码包中的代码文件 `ch_04_bp.R`。代码可以通过以下命令进行测试。

```
> source("ch_04_bp.R")
```

4.6.3　基于 MapReduce 的并行版本

大量的数据使 BP 的训练过程非常缓慢，已经证明 BP 算法的并行版本可以以惊人的方式提升运行速度。在 MapReduce 架构上实现了许多版本的并行 BPNN 算法。这里只介绍其中一种实现，基于 MapReduce 的后向传播神经网络（MBNN）算法。

给定训练数据集，给每个映射函数提供一个训练项。在映射过程中，计算权重的新值。然后，在归约过程中，收集某个权重的新值这将给权重的输出产生这个值的平均值。提供了这些新值后，对所有的权重进行分批更新。重复执行以上步骤直到满足终止条件。

下面给出 BP 算法的主要代码。

反向传播归纳算法

1	Input key/value pair < $key = w$, $value = \Delta w$ >
2	$sum \leftarrow 0$, $count \leftarrow 0$
3	$sum \leftarrow sum + value$
4	$count \leftarrow count + 1$
5	**If** more pairs <key, $value$> are collected, go to step 1
	Else output key/value pair <key, $sum/count$>

反向传播映射算法包含 4 个步骤，如下所示：

反向传播映射函数

1	Input key/value pair < key, $value =$ inputItem >
2	Compute the update-value for all the weights using $value$ as the input of the network
3	For every weight w, get its weight Δw
4	Emit intermediate key/value pair <w, Δw>

反向传播归约算法包含 5 个步骤，如下所示：

反向传播归纳算法

1	Input key/value pair < $key = w$, $value = \Delta w$ >
2	$sum \leftarrow 0$, $count \leftarrow 0$
3	$sum \leftarrow sum + value$
4	$count \leftarrow count + 1$
5	**If** more pairs <key, $value$> are collected, go to step 1
	Else output key/value pair <key, $sum/count$>

4.7 练习

下面的练习用来检查你对所学知识的理解。

❑ 举例说明利用频繁模式进行分类。

❑ 什么是 BBN 算法？

❑ 什么是 kNN 算法？

❑ 什么是反向传播算法？

❑ 什么是支持向量机？

4.8　总结

在本章中，主要学习了以下内容：

❑ 集成方法。

❑ Bagging 算法。

❑ AdaBoost 算法。

❑ 随机森林算法。

❑ BBN 算法，该算法可以提供因果关系的拓扑模型，该算法是一种积极学习算法。

 积极学习算法与懒惰式学习算法相反，懒惰学习算法直到提供了测试元组或测试实例才开始学习。

❑ KNN 算法，该算法属于懒惰学习算法。

❑ SVM 算法，它将原始数据变换为高维数据，用超平面进行分别，它是积极学习算法。

❑ 基于频繁模式的分类，它是积极学习算法。

❑ 基于 BP 算法的分类，它用梯度下降训练神经网络。

下一章将介绍没有预定义标签的另一种无监督分类算法——聚类算法。

Chapter 3 第5章

聚类分析

聚类被定义为一个数据集的无监督分类。聚类算法的目的是使用距离或者概率度量对给定数据集（点集或者对象的集合）划分成数据实例或者对象（点）的组。根据距离或相似性或其他度量，同一个组中的成员比较接近。换言之，就是最大化类内（内部同质性）的相似性并最小化类间（外部异质性）的相似性。

在本章中，你将学习如何用 R 实现聚类的高级算法，这些算法包括：

❑ 搜索引擎和 k 均值算法

❑ 文档文本的自动提取和 k 中心点算法

❑ CLARA 算法

❑ CLARANS 算法

❑ 无监督的图像分类和仿射传播（Affinity Propagation，AP）聚类

❑ 网页聚类和谱聚类

❑ 新闻分类和层次聚类

使用聚类算法为进一步分析做准备，而另一个目的是为了理解数据集的性质。下图展示了最常见的聚类过程。

这个过程的关键步骤包括：

❑ **特征选择**：该步骤从原始数据集中选择重要的特征。

❑ **聚类算法设计**：该步骤是基于当前可用的聚类算法设计一个适当的算法，或者从头

开始建立一个算法。

❑ **聚类验证**：该步骤评估聚类，并提供关于聚类结果的置信度。

❑ **结果解释**：该步骤给出输入数据集的内在思想。

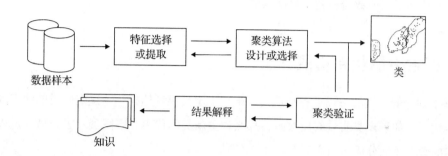

有很多对聚类算法进行分类的方法。主要的分类方法有基于划分的方法、基于密度的方法、层次方法、谱方法和基于网格的方法等。

对于特定的条件或者数据集，每个聚类算法都有其局限性与最佳实践。一旦选定了某个算法，与该算法相关的参数和距离度量（仅对于某些算法）同样需要仔细考虑。接下来，我们将列出最流行的聚类算法及其相应的并行版本（如果有）。

这里是聚类算法及其复杂性的简单列表：

聚类算法	追踪高维数据的能力
k 均值	No
模糊 c 均值	No
层次聚类	No
CLARA	No
CLARANS	No
BIRCH	No
DBSCAN	No
CURE	Yes
WaveCluster	No
DENCLUE	Yes
FC	Yes
CLIQUE	Yes
OptiGrid	Yes
ORCLUS	Yes

聚类算法的另一个方面的困难或者目标是任意形状的类、大容量的数据集、高维数据集、对噪声或者异常值不敏感性、对用户定义的参数的低度依赖、在初始学习或者聚类后没有学习处理新数据的能力、对类的数目的内在或者本质的敏感性、漂亮的数据可视化，以及同时适用于数值数据和名义数据类型。

5.1 搜索引擎和 k 均值算法

基于划分的聚类的一般过程是迭代。第一步定义或者选择一个预定的类的代表数，每一次迭代后，如果聚类质量有所改善，那么就更新类的代表。下图展示了典型的过程，即将给定的数据集划分成不相交的类：

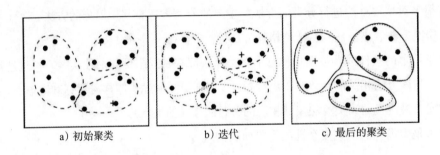

a）初始聚类   b）迭代   c）最后的聚类

基于划分的聚类方法的特点是：

☐ 在大多数情况下得到的类都是互斥的。

☐ 类的形状是球形的，因为采用的大多数度量是基于距离的度量。

☐ 每类的代表通常是所对应的组（类）中的点的均值或者中心点（medoid）。

☐ 一个分区代表一个类。

☐ 这些类适用于小型到中型的数据集。

☐ 在某个收敛目标函数下，该算法将收敛，所得到的类经常是局部最优的。

k 均值聚类算法从根本上说是一个贪婪算法，它用每个类的均值定义其重心。对于处理大型数据集，它是有效的。k 均值算法是一种互斥聚类算法，以一种互斥的方式对数据进行分类，一个对象至多只能属于一个组或者一个类。k 均值算法还是一种划分聚类算法，类是在一个步骤中创建的，而不是多几个步骤中创建的。

k 值通常由专业知识和数据集等来确定。开始时，随机选择初始数据集 D（D 的大小是 n，其中 $k \leq n$）中的 k 个对象作为初始 k 个类的初始中心。在 k 均值算法的迭代中，给每个对象分配最相似或者最接近的（用于距离或者相似度的各种度量）类（均值）。一旦迭代结束，更新或者重新定位每个类的均值。k 均值算法执行尽可能多的迭代，直到与前一次聚类得到的类相比没有任何变化。

在聚类算法中，具体类的质量可以通过很多度量方式来衡量。其中一种可以用下面的公式来表示。这是类内变异性的度量，其中 c_i 代表类 C_i 的重心。这里，k 是类的数目，而 dist(p, c_i) 是两个点之间的欧氏距离。E 的最小值是需要的值，它用来描绘最优质的类。这个评价或者评估目标函数是一种理想情况，尽管对具体问题不适用。k 均值算法提供了一种近似于理想值的简单方法，k 均值算法也称为**基于平方误差的聚类算法**。

$$E = \sum_{i=1}^{k} \sum_{p \in C_i} \text{dist}^2 \left(p, c_i \right)$$

$$\frac{1}{n} \sum_{j=1}^{n} \left[\min_j d^2 \left(p, c_i \right) \right]$$

实际上，k 均值算法可以根据重心不同的初始集合运行多次，以便找到相对较好的结果。

根据 k 个初始重心或者均值的不同选择，设计不同的 k 均值聚类算法。计量相似性或者差异性，构建计算均值的方法。

k 均值聚类方法的缺点为：

❑ 类的均值必须用一个函数来定义。

❑ 仅适用于数值数据类型。

❑ k 的值需要用户预先定义，而这是很难的。

 k 均值聚类方法的准则或者经验法则为：

❑ 记住该方法对噪声和异常值敏感。

❑ 该方法只适用于大小接近的类。

❑ 该方法很难找到非凸的形状。

5.1.1　k 均值聚类算法

用于 k 均值聚类算法的输入参数如下所示：

❑ D：训练对象的集合

❑ K

❑ ε

这些参数用于描述如下给定的 k 均值聚类算法的伪代码：

K-means $(\mathbf{D}, k, \varepsilon)$:
$t = 0$
Randomly initialize k centroids: $\boldsymbol{\mu}_1^t, \boldsymbol{\mu}_2^t, \ldots, \boldsymbol{\mu}_k^t \in \mathbb{R}^d$
repeat
　　$t \leftarrow t + 1$

　　foreach $\mathbf{x}_j \in \mathbf{D}$ **do**
　　　　$j^* \leftarrow \arg\min_i \left\{ \|\mathbf{x}_j - \boldsymbol{\mu}_i^t\|^2 \right\}$
　　　　$C_{j^*} \leftarrow C_{j^*} \cup \{\mathbf{x}_j\}$

　　foreach $i = 1$ *to* k **do**
　　　　$\boldsymbol{\mu}_i^t \leftarrow \frac{1}{|C_i|} \sum_{\mathbf{x}_j \in C_i} \mathbf{x}_j$
until $\sum_{i=1}^k \|\boldsymbol{\mu}_i^t - \boldsymbol{\mu}_i^{t-1}\| \le \varepsilon$

5.1.2 核 k 均值聚类算法

核 k 均值聚类算法的伪代码如下所示：

Kernel-Kmeans$(\mathbf{K}, k, \epsilon)$:
$t \leftarrow 0$
$\mathcal{C}^t \leftarrow \{C_1^t, \cdots, C_k^t\}$
repeat
　　$t \leftarrow t + 1$
　　foreach $C_i \in \mathcal{C}^{t-1}$ **do**
　　　　$\text{sqnorm}_i \leftarrow \frac{1}{n_i^2} \sum_{\mathbf{x}_a \in C_i} \sum_{\mathbf{x}_b \in C_i} K(\mathbf{x}_a, \mathbf{x}_b)$
　　foreach $\mathbf{x}_j \in \mathbf{D}$ **do**
　　　　foreach $C_i \in \mathcal{C}^{t-1}$ **do**
　　　　　　$\text{avg}_{ji} \leftarrow \frac{1}{n_i} \sum_{\mathbf{x}_a \in C_i} K(\mathbf{x}_a, \mathbf{x}_j)$
　　foreach $\mathbf{x}_j \in \mathbf{D}$ **do**
　　　　foreach $C_i \in \mathcal{C}^{t-1}$ **do**
　　　　　　$d(\mathbf{x}_j, C_i) \leftarrow \text{sqnorm}_i - 2 \cdot \text{avg}_{ji}$
　　　　$j^* \leftarrow \arg\min_{C_i} \{d(\mathbf{x}_j, C_i)\}$
　　　　$C_{j^*}^t \leftarrow C_{j^*}^t \cup \{\mathbf{x}_j\}$
　　$\mathcal{C}^t \leftarrow \{C_1^t, \ldots, C_k^t\}$
until $1 - \frac{1}{n} \sum_{i=1}^k |C_i^t \cap C_i^{t-1}| \le \epsilon$

5.1.3 k 模式聚类算法

该算法是 k 均值算法的一个变体，它可以处理分类数据类型和大型数据集，它可以与 k 均值方法相结合来处理包含所有数据类型的数据集的聚类。该算法如下：

```
1    Initialize the variable oldmodes as a k × |P|-ary empty array;
2    Randomly choose k distinct objects x₁, x₂,…,xₖ from U
3    and assign [x₁,x₂,…,xₖ] to the k × |P|-ary array variable newmodes;
4    for l = 1 to k
5      for j = 1 to |P|
6        calculate the similarity Sim_{a_j}(x_l, x_l)
7      end;
8    end;
9    while oldmodes< >newmodes do
10     oldmodes = newmodes;
11     for i = 1 to |U|
12       for l = 1 to k
13         calculate the dissimilarity between the ith object and
14         the lth mode according to Definition 5, and classify the ith
15         object into the cluster whose mode is closest to it;
16       end;
17     end;
18     for l = 1 to k
19       find the mode z_l of each cluster and assign to newmodes;
20       for j = 1 to |P|
21         calculate the similarity Sim_{a_j}(z_l, z_l)
22         calculate m_{a_j}
23       end;
24     end;
25     if oldmodes==newmodes
26       break;
27     end;
28   end.
```

5.1.4 R语言实现

对于上述提到的算法,请查看R代码包中的R代码文件 ch_05_kmeans.R、ch_05_kernel_kmeans.R、ch_05_kmedoids.R。这些代码可以通过下面的命令进行测试:

```
> source("ch_05_kmeans.R")
> source("ch_05_kernel_kmeans.R")
> source("ch_05_kmedoids.R")
```

5.1.5 基于MapReduce 的并行版本

并行 k 均值算法如下列出:

map (*key, value*)

1. Construct the sample *instance* from *value*;
2. *minDis = Double.MAX_VALUE*;
3. *index = -1*;

4. For i=0 to *centers*.length do
      dis= ComputeDist(instance, centers[*i*]);
      If *dis < minDis* {
          minDis = dis;
          index = i;
      }
5. End For
6. Take *index* as *key'*;
7. Construct *value'* as a string comprise of the values of different dimensions;
8. output $< key', value' >$ pair;
9. End

---

combine (key, V)

---

1. Initialize one array to record the sum of value of each dimensions of the samples contained in the same cluster, i.e. the samples in the list *V*;
2. Initialize a counter *num* as 0 to record the sum of sample number in the same cluster;
3. while(*V*.hasNext()){
      Construct the sample *instance* from *V*.next();
      Add the values of different dimensions of *instance* to the array
      num++;
4. }
5. Take *key* as *key'*;
6. Construct *value'* as a string comprised of the sum values of different dimensions and *num*;
7. output $< key', value' >$ pair;
8. End

---

reduce (key, V)

---

1. Initialize one array record the sum of value of each dimensions of the samples contained in the same cluster, e.g. the samples in the list *V*;
2. Initialize a counter *NUM* as 0 to record the sum of sample number in the same cluster;
3. while(*V*.hasNext()){
      Construct the sample *instance* from *V*.next();
      Add the values of different dimensions of *instance* to the array
      NUM += *num*;
4. }
5. Divide the entries of the array by *NUM* to get the new center's coordinates;
6. Take *key* as *key'*;
7. Construct *value'* as a string comprise of the *center*'s coordinates;
8. output $< key', value' >$ pair;
9. End

5.1.6 搜索引擎和网页聚类

随着因特网文档的不断累积，找到一些有用信息的难度也不断增加。为了在这些文档、网页或者网络中找到信息，下面提供了 4 种搜索方法：

❑ 无辅助关键词搜索

❑ 辅助关键词搜索

❑ 基于目录的搜索

❑ 示例查询搜索

网页聚类是网络数据挖掘的一个重要的预处理步骤，是众多可能的解决方案中的一个。文件聚类发生在信息检索和文本聚类的过程中。提供了许多网络聚类标准，比如语义、结构和基于使用的准则等。领域知识在网页聚类中起着重要作用。

词频–逆向文档频率（Term Frequency-Inverse Document Frequency，TF-IDF）应用于文档数据集的预处理过程中。用来表示文档聚类的数据实例的一种建模方法是**向量空间模型**。给定一个词空间，具有文档中的一个特定词的每一个维度和原始文档集合中的任何文档的都可以使用一个向量来标示，如下面的方程所描述。这个定义意味着频繁使用的词在文档中起着重要作用：

$$d_{tf} = (tf_1, tf_2, ..., tf_n)$$

维度中的每个值表示标记出现在文档中的维度的词的频率，为了简单起见，在进一步处理它前，向量需要标准化为单位长度，去除停用词等。作为一个潜在且流行的解决方案，词频（TF）经常使用文档数据集之间的逆向文档频率来给每个词加权重。逆向文档频率通过下式表示，其中，n 表示数据集的大小，$\mathrm{df}(t_i)$ 表示包含词 t_i 的文档数：

$$\mathrm{idf}(t_i) = \log\left(\frac{n}{\mathrm{df}(t_i)}\right)$$

给定逆向文档频率的定义，为了使用聚类算法进一步处理，有表示文档集合中的文档的另一个流行的向量模型的定义，$\mathrm{tf}(d_i, t_i)$ 是指文档 d_i 中的词 t_i 频率：

$$d_j = (w_{j1}, ..., w_{jm})$$
$$w_{ji} = \mathrm{tf}(d_j, t_i) \cdot idf(t_i)$$

文档聚类中使用的方法是多用途的和巨大的，余弦方法是其中的一种，我们将在等式中使用向量内积，相应的重心在下式中定义为 c：

$$\mathrm{cosine}(d_1, d_2) = d_1 \cdot d_2 / \|d_1\| \|d_2\|$$
$$c = \frac{1}{|S|} \sum_{d \in s} d$$

Reuters-21578 是一个公开可用的数据集，可用于进一步研究。TREC-5、6 和 7 也是开源数据集。

有这种可以测量"距离"的定义，k 均值算法可以用于网页聚类，因为它表现出高的效率并且总是用作实际网络搜索引擎的一个构成部分。

5.2 自动提取文档文本和 k 中心点算法

K 中心点算法是 k 均值算法的扩展，以便降低对异常数据点的敏感性。

给定数据集 D 和预定义参数 k，可以如下所述来描述 k 中心点算法或者围绕中心点的划分（PAM）算法。

一个聚类与 k 个中心点的集合相关，可以通过每个类中的成员与相应的代表或者中心点之间的距离来衡量聚类的质量。

从对象的原始数据集中任意选择 k 个对象是找到 k 个中心点的第一步。在每一步中，对于一个选定的对象 O_i 和一个未选择的节点 O_h，如果因为交换它们，类的质量得到提升，那么执行交换。

在交换之前和交换之后，类的质量应该是成员与中心点之间的所有距离差的和。对于每个未选择的对象 O_h，需要考虑 4 种不同情形（它们在下图中标记出来）。给定一组中心点，其中一个是 O_i，与之相关的类是 C_i。

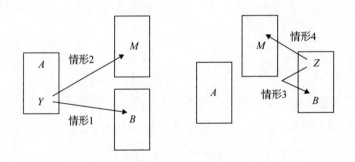

- ❏ **情形 1**：第一个不同的情形是 $O_j \in C_i$，给定 $O_{j,2}$ 是第二个中心点的代表，它更接近于或者更相似于 O_j：

$$d(O_j, O_h) \geqslant d(O_j, O_{j,2})$$

交换之后，O_j 将动到 $c_{j,2}$，交换的开销如下定义：

$$C_{jih} = d(O_j, O_{j,2}) - d(O_j, O_i)$$

- ❏ **情形 2**：第二个不同的情形是 $O_j \in C_i$，$d(O_j, O_h) < d(O_j, O_{j,2})$。交换之后，$O_j$ 将移动到 C_h，交换的开销如下定义：

$$C_{jih} = d(O_j, O_h) - d(O_j, O_i)$$

❑ **情形 3**：这里，$O_j \in C_t$，$t \ne i$，O_t 代表 C_t 且 $d(O_j, O_h) \geqslant d(O_j, O_t)$。交换之后，交换的开销如下定义：

$$C_{jih} = 0$$

❑ **情形 4**：这里，$O_j \in C_i$，$t \ne i$，O_t 代表 C_t 且 $d(O_j, O_h) < d(O_j, O_t)$。交换之后，$O_j$ 将移动到 C_h，交换的开销如下定义：

$$C_{jih} = d(O_j, O_h) - d(O_j, O_t)$$

在每个交换步骤结束时，交换的总开销如下定义：

$$\sum_j C_{jih}$$

5.2.1　PAM 算法

围绕中心点的划分（Partitioning Around Medoids，PAM）算法是一种基于划分的聚类算法，其伪代码如下所示：

PAM 算法

1. Select k representative objects arbitrarily.

2. Compute TC_{ih} for *all* pairs of objects O_i, O_h where O_i is currently selected, and O_h is not.

3. Select the pair O_i, O_h which corresponds to $min_{O_i, O_h} TC_{ih}$. If the minimum TC_{ih} is negative, replace O_i with O_h, and go back to Step (2).

4. Otherwise, for each non-selected object, find the most similar representative object. Halt.

5.2.2　R 语言实现

对于上述算法，请参见 R 代码包中的 R 代码文件 `ch_05_kmedoids.R`。该代码可以通过下面的命令进行测试：

```
> source("ch_05_kmedoids.R")
```

5.2.3　自动提取和总结文档文本

随着因特网上文档大小和数量的增加，迫切需要有效的算法来获取有用的摘要或者提取关键信息。文档将以多种格式、结构化的或者非结构化的格式呈现。任务包括一个文档或者多个文档的摘要。更多的扩展目标是从多媒体文件中提取摘要。其他挑战涉及总结多种语言文档。文档提取需要来自 KNLP 工具的支持以便进行语法和词汇的分析与生成。一种用于提取的可能过程如下图所示。

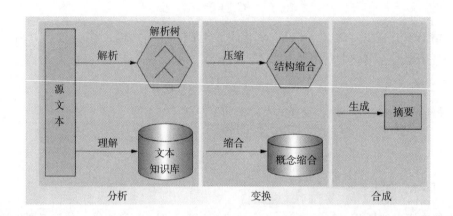

有许多用于自动提取文档文本的方法，比如自动提取、基于理解的自动提取、信息提取以及基于结构的自动提取。需要调整设计摘要系统的可能特征，包括句子长度截断、固定短语、段落、主题词和大写字母的单词特征。

提取或者总结已经普遍定义为具有两个步骤的过程。首先，从源文本中提取重要概念来获取一个中间表示。然后，从中间表示生成总结。

对于总结的第一步，它可以在很大程度上视为自动索引的一部分。从文档中提取重要概念的词汇链是一种可能的解决方案。词汇链利用任意数量的相关词汇之间的凝聚力，并且通过将语义相关的词汇集进行分组（链接）来计算它们。

5.3 CLARA 算法及实现

CLARA（Clustering LARge Application）算法随机选择实际数据的一小部分作为数据的代表，而不考虑整个数据集。然后使用 PAM 算法从该样本中选择中心点。如果以完全随机的方式选择样本，那么它应该能很严格地表示原始数据集。

CLARA 算法抽取数据集的多个样本，然后对每个样本应用 PAM 算法，发现中心点，然后返回最佳的类以作为输出。首先，从原始数据集 D 中抽取样本数据集 D'，并将 PAM 算法应用于 D' 以便发现 k 个中心点。使用这 k 个中心点和数据集 D 来计算当前的差异性，如果该差异性值比前面迭代中得到的差异性值小，那么将这 k 个中心点保留为最佳的中心点。

5.3.1　CLARA 算法

CLARA 算法的伪代码如下所示：

```
CLARA(X, d, k)
    bestDissim ← ∞
    for t ← 1 to S
    do X' ← RANDOM-SUBSET(X, s)
        D ← BUILD-DISSIM-MATRIX(X', d)
        (C', M) ← PAM(X', D, k)
        C ← ASSIGN-MEDOIDS(X, M, D)
        dissim ← TOTAL-DISSIM(C, M, D)
        if dissim < bestDissim
            then bestDissim ← dissim
                C_best ← C
                M_best ← M
    return (C_best, M_best)
```

5.3.2　R 语言实现

对于上述提到的算法，请参见 R 代码包中的 R 代码文件 `ch_05_clara.R`。该代码可以通过下面的命令进行测试：

```
> source("ch_05_clara.R")
```

5.4　CLARANS 算法及实现

基于随机搜索的大型应用聚类（Clustering Large Applications based on RANdomized Search，CLARANS）是高效且有效的，它是空间数据挖掘的最佳实践。CLARANS 应用策略在特定的图中进行搜索。在图中，用 $G_{n,k}$ 表示图中的节点，它由对象集合 $\{O_{m_1}, ..., O_{m_k}\}$ 表示，$O_{m_1}, ..., O_{m_k} \in D$。这里，$k$ 是选择 k 个中心点的预定义值。因此，图中的节点是 $\{\{O_{m_1}, ..., O_{m_k}\} | O_{m_1}, ..., O_{m_k} \in D\}$ 的集合。若两个节点，$S_1 = \{O_{m_1}, ..., O_{m_k}\}$ 和 $S_2 = \{O_{w_1}, ..., O_{w_k}\}$ 是近邻，则 $|S_1 \cap S_2| = k-1$。在图 $G_{n,k}$ 中，每个节点代表一组中心点和与之相关的类。因此，开销是与每个节点相关，开销是任意对象与表示类的中心点之间的总距离。可以通过 PAM 算法中的开销测量函数来计算两个近邻的开销差。

5.4.1 CLARANS 算法

CLARANS 算法的输入参数如下所示:

❑ D, 训练元组数据集合

❑ numlocal

❑ maxneighbor

算法的输出是:

❑ bestnode

CLARANS 算法的伪代码如下所示:

```
1: Input parameters numlocal and maxneighbor. Initialize i to 1,
and mincost to a large number.

2: Set current to an arbitrary node in G_n,k.

#3: set j to 1.

#4: Consider a random neighbor S of current, and based on S,
calculate the cost differential of the two nodes.

#5: If S has a lower cost, set current to S, and go to Step (#3).

#6: Otherwise, increment j by 1. If j ≤ maxneighbor, go to step (#4).

#7: Otherwise, when j > maxneighbor, compare the cost of current
with mincost. If the cost < mincost, set mincost to the cost of
current, and set bestnode to current.

#8: Increment I by 1. If i > numlocal, output bestnode and halt.
Otherwise, go to Step (#2).
```

5.4.2 R 语言实现

对于上述提到的算法, 请参见 R 代码包中的 R 代码文件 ch_05_clarans.R。该代码可以通过下面的命令进行测试:

```
> source("ch_05_clarans.R")
```

5.5 无监督的图像分类和仿射传播聚类

仿射传播（Affinity Propagation, AP）寻找数据集中的一组样本点 $X_e = \{x_{e_1}, \ldots, x_{e_k}\}$, 并

将未选择的点分配给这些样本点，一个样本点代表一个类。

两种类型的消息在数据对象或者数据点之间进行交换，它们是：

- 消息 $r(i, k)$，称为**责任**（responsibility），表示从 x_i 发送到 x_k 的累积证据。它告诉我们 x_k 适合作为点 x_i 的范例。每个候选点都计算在内。

- 消息 $a(i, k)$，称为**可用性**（availability），表示从 x_i 发送到 x_k 的累积证据，它告诉我们 x_k 应该是范例，来自其他点的每个支持都经过仔细考虑。

在算法开始时，将 $r(i, k)$ 和 $a(i, k)$ 初始化为 0：

$$r(i, k) = s(i, k) - \max_{k', k' \neq k}\{a(i, k') + s(i, k')\}$$

$$r(k, k) = s(k, k) - \max_{k', k' \neq k}\{s(k, k')\}$$

$s(i,k) = -\|x_i - x_k\|^2$，$i \neq k$，对于开始时的每个点，将 $s(k, k)$ 初始为相同的值（通常用启发性知识定义），并在后面的描述中进行更新以便再次发生影响。$s(i, k)$ 表示 x_k 适合成为 x_i 的范例的程度。对于 $s(i, i)$，有一个可能值要设置为常量：

$$s(l,l) = \frac{\sum_{i,j=1; i \neq j}^{N} s(i, j)}{N * (N-1)}, 1 \leq l \leq N$$

$$a(i, k) = \min\{0, r(k, k) + \sum_{i', i' \neq i, k} \max\{0, r(i', k)\}\}$$

$$a(k, k) = \sum_{i', i' \neq i} \max\{0, r(i', k)\}$$

对于数据点 x_i，范例的指数 $e(x_i)$ 可用下式定义：

$$\arg\max \{a(i, k) + r(i, k), k = 1, ..., N\}$$

给定 $R = (r(i, j))$ 为责任矩阵（responsibility matrix）和 $A = (a(i, j))$ 为可用性矩阵（availability matrix），t 表示迭代次数，其中设置阻尼因子 $\lambda \in [0, 1]$ 来抑制可能产生的数值震荡：

$$R_{t+1} = (1-\lambda)R_t + \lambda R_{t-1}$$

$$A_{t+1} = (1-\lambda)A_t + \lambda A_{t-1}$$

5.5.1　仿射传播聚类

仿射传播（affinity propagation）概述如下：

AFFINITY PROPAGATION

INPUT: $\{s(i,j)\}_{i,j \in \{1,...,N\}}$ (data similarities and preferences)

INITIALIZE: set 'availabilities' to zero *i.e.* $\forall i, k: a(i,k) = 0$

REPEAT: responsibility and availability updates until convergence

$$\forall i, k: \quad r(i,k) = s(i,k) - \max_{k':k' \neq k} \left[s(i,k') + a(i,k') \right]$$

$$\forall i, k: \quad a(i,k) = \begin{cases} \sum_{i':i' \neq i} \max[0, r(i',k)], & \text{for } k=i \\ \min\left[0, r(k,k) + \sum_{i':i' \notin \{i,k\}} \max[0, r(i',k)]\right], & \text{for } k \neq i \end{cases}$$

OUTPUT: cluster assignments $\hat{\mathbf{c}} = (\hat{c}_1, \dots, \hat{c}_N)$, $\hat{c}_i = \text{argmax}_k \left[a(i,k) + r(i,k) \right]$

Note: $\hat{c}$ may violate $\{f_k\}$ constraints, so initialize k-medoids with $\hat{c}$ and run to convergence for a coherent solution.

5.5.2 R 语言实现

对于上述提到的算法，请参见 R 代码包中的 R 代码文件 ch_05_affinity_clustering.R。该代码可以通过下面的命令进行测试：

```
> source("ch_05_affinity_clustering.R")
```

5.5.3 无监督图像分类

由于大量的图像和其他多媒体文件，所以图像分类任务变得比以前更加困难。无监督图像分类经常用于图像和视频摘要，或者只是作为监督方法分类的一个预处理步骤。

与无监督分类有关的一个主要问题是估计图像类别的分布。而且，找到图像类别最具描述性的原型是图像分类的另一个主要问题。

每个图像都可以表示为一个高维数据实例，包括与颜色、结构和形状相关的特征。这里应用范例技术，它通过一个小的图像集或者其片段来表示图像的类。给定范例概念，图像数据实例的维度将降低到一个相对较小的规模，并易于进一步处理。这里应用的度量包括 Chamfer 距离、Hausdorff 距离和 shuffle 距离。

数据集的自然类别可以是各种复杂的类型，重叠可能是一种常见的形状。

无监督图像分类是一种聚类问题。图像聚类是识别一组相似的图像原语，比如像素、线（元）素和区域等。给定复杂的数据集，推荐的方法是使用基于原型的聚类算法。仿射传播算法可以通过寻找具有代表性的范例的一个子集来应用于无监督分类。

5.5.4　谱聚类算法

谱聚类算法的伪代码如下所示：

```
SPECTRAL CLUSTERING (D, k):
1 Compute the similarity matrix A ∈ ℝⁿˣⁿ
2 if ratio cut then  B ← L
3 else if normalized cut then B ← Lˢ or Lᵃ
4 Solve Buᵢ = λᵢuᵢ for i = n, ..., n − k + 1, where λₙ ≤ λₙ₋₁ ≤ ··· ≤ λₙ₋ₖ₊₁
5 U ← (uₙ  uₙ₋₁  ···  uₙ₋ₖ₊₁)
6 Y ← normalize rows of U
7 C ← {C₁, ..., Cₖ} via K-means on Y
```

5.5.5　R 语言实现

对于上述提到的算法，请参见 R 代码包中的 R 代码文件 `ch_05_spectral_clustering.R`。该代码可以通过下面的命令进行测试：

```
> source("ch_05_ spectral_clustering.R")
```

5.6　新闻分类和层次聚类

层次聚类将目标数据集划分成多个层次的类。它通过连续分割来划分数据点。

对于层次聚类，有两种策略。**凝聚聚类**（agglomerative clustering）将输入数据集中的每个数据对象作为一个类，然后在接下来的步骤中，根据某种相似性度量来合并类，直到最后只剩下一个类。相反，**分裂聚类**（divisive clustering）将输入数据集中的所有数据对象作为一个类中的成员，然后在接下来的步骤中，根据某种相似性的度量来拆分类，直到最后每个数据对象都成为一个类。

层次聚类方法的特点如下所示：

❑ 多层次分解。

❑ 合并或者拆分不能进行反转。不能修正由合并或者拆分所引入的算法误差。

❑ 混合算法。

5.6.1　凝聚层次聚类

凝聚层次聚类算法的伪代码如下所示：

```
AGGLOMERATIVECLUSTERING(D, k):
C ← {Cᵢ = {xᵢ} | xᵢ ∈ D}
```

$$\Delta \leftarrow \{\delta(\mathbf{x}_i, \mathbf{x}_j): \mathbf{x}_i, \mathbf{x}_j \in \mathbf{D}\}$$
repeat
    Find the closest pair of clusters $C_i, C_j \in \mathcal{C}$
    $C_{ij} \leftarrow C_i \cup C_j$
    $\mathcal{C} \leftarrow \mathcal{C} \setminus \{\{C_i\} \cup \{C_j\}\} \cup \{C_{ij}\}$
    Update distance matrix Δ to reflect new clustering
until $|\mathcal{C}| = k$

5.6.2 BIRCH 算法

利用层次结构的平衡迭代简约和聚类（Balanced Iterative Reducing and Clustering using Hierarchies，BIRCH）算法用于大型动态数据集，也可用于增量和动态聚类。只需要扫描数据集一次，这意味着没有必要提前读取整个数据集。

聚类特征树（CF-Tree）是一个辅助数据结构，用来存储各类的摘要，并且它还是一个类的代表。聚类特征树中的每个节点声明为条目列表，[CF_i, $child_i$]，$i \in [1, B]$，B 是预定义的条目限制。child 表示链接到第 i 个孩子。

给定 CF_i 为类 i 的代表，它定义为 $CF_i = (N_i, LS, SS)$，其中 N_i 表示类 i 中的成员数量，LS 表示成员对象的线性和，SS 表示成员对象的平方和。

聚类特征树的叶子必须符合直径限制。$\left(\sum_{l=1}^{N_1} \sum_{m=1}^{N_1} (x_l - x_m)^2 / N_i(N_i - 1)\right)^{1/2}$ 类的直径必须要小于预定义的阈值 T。

BIRCH 中的主要辅助算法就是**聚类特征树插入**（CF-Tree insertion）和**聚类特征树重建**（CF-Tree rebuilding）。

BIRCH 算法的伪代码如下所述：

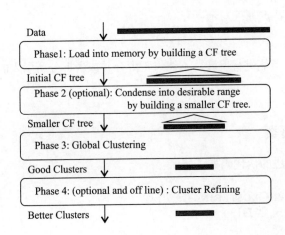

5.6.3　变色龙算法

变色龙算法（chameleon algorithm）的整体框架如下图所示。

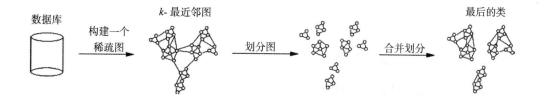

变色龙算法有 3 个主要步骤：

❏ 稀疏化：该步骤用来生成一个 k 最近邻图，它由一个接近图派生出来。

❏ 图划分：该步骤应用一个多层次图划分算法来划分数据集。初始图是一个包含所有点的图或者类。然后在每个连续步骤中平分最大的图，最后得到一组大小大致相同的类（具有高度内部相似性）。得到的每一个类的大小不能小于预定义的大小，即最小大小（MIN_SIZE）。

❏ 凝聚层次聚类：最后一步就是基于自相似性来合并类。自相似性用 RI（相对互连度）和 RC（相对近似度）定义，它们可以以各种方式进行组合来测量自相似性。

相对近似度（Relative Closeness，RC）：分别给定大小为 m_i 的类 C_i 与大小为 m_j 的类 C_j，$\bar{S}_{EC}(C_i, C_j)$ 表示连接这两个类的边的平均权重；$EC(C_i)(EC(C_j))$ 表示平分类 $C_i(C_j)$ 的边的平均权重：

$$RC(C,C) = \bar{S}_{EC}\left(C_i, C_j\right) / \left(\frac{m_i}{m_i + m_j} S_{EC}\left(C_i\right) + \frac{m_i}{m_i + m_j} S_{EC}\left(C_j\right) \right)$$

相对互连度（Relative Interconnectivity，RI）：根据下面的等式定义。

这里，$EC(C_i, C_j)$ 表示连接两个类的边的和，$EC(C_i)(EC(C_j))$ 表示平分类 $C_i(C_j)$ 的割边的最小和：

$$RI\left(C_i, C_j\right) = EC(C_{i,}C_j) / \frac{1}{2}\left(EC(C_i) + EC(C_j)\right)$$

变色龙算法的伪代码如下所示：

```
1: Build a k-nearest neighbor graph.

2: Partition the graph using a multilevel graph-partitioning
algorithm.
```

```
3: do {

4:   Merge the clusters that best preserve the cluster
self-similarity with respect to relative interconnectivity and
relative closeness.

5:} while No more clusters can be merged.
```

5.6.4 贝叶斯层次聚类算法

贝叶斯层次聚类算法的伪代码如下所示：

input: data $\mathcal{D} = \{\mathbf{x}^{(1)} ... \mathbf{x}^{(n)}\}$, model $p(\mathbf{x}|\theta)$,
          prior $p(\theta|\beta)$
initialize: number of clusters c=n, and
          $\mathcal{D}_i=\{\mathbf{x}^{(i)}\}$ for $i=1...n$
while $c > 1$ **do**
    Find the pair $\mathcal{D}_i$ and $\mathcal{D}_j$ with the highest
      probability of the merged hypothesis:

$$r_k = \frac{\pi_k p(\mathcal{D}_k|\mathcal{H}_1^k)}{p(\mathcal{D}_k|T_k)}$$

    Merge $\mathcal{D}_k \leftarrow \mathcal{D}_i \cup \mathcal{D}_j$, $T_k \leftarrow (T_i, T_j)$
    Delete $\mathcal{D}_i$ and $\mathcal{D}_j$, $c \leftarrow c - 1$
end while
output: Bayesian mixture model where each
          tree node is a mixture component
The tree can be cut at points where $r_k < 0.5$

5.6.5 概率层次聚类算法

概率层次聚类算法是层次聚类算法和概率聚类算法的一种混合算法。作为一种概率聚类算法，它应用了一种完全概率方法，如下所述：

Algorithm: A probabilistic hierarchical clustering algorithm.

Input:

■ $D = \{o_1,...,o_n\}$: a data set containing n objects;

Output: A hierarchy of clusters.

Method:
    create a cluster for each object $C_i = \{o_i\}$, $1 \leq i \leq n$
    for $i = 1$ to n
        find pair of clusters C_i and C_j such that $C_i, C_j = \arg\max_{i \neq j} \log \frac{P(C_i \cup C_j)}{P(C_i)P(C_j)}$

$$\text{if } \log \frac{P(C_i \cup C_j)}{P(C_i)P(C_j)} > 0 \text{ then merge } C_i \text{ and } C_j$$
$$\textbf{else } \text{stop}$$

5.6.6　R 语言实现

对于上述提到的算法，请参见 R 代码包中的 R 代码文件 `ch_05_ahclustering.R`。该代码可以通过下面的命令进行测试：

```
> source("ch_05_ahclustering.R")
```

5.6.7　新闻分类

新闻门户网站为访问者提供了许多的以预定义主题分类的新闻。随着我们从因特网上获得的信息呈指数式增长，聚类技术广泛应用于网络文档分类，其中包括在线新闻。这些通常是新闻流或者新闻提要。

对于该任务，聚类算法的一个优点是不需要先验的领域知识，通过对涵盖特定事件的新闻进行聚类，可以对新闻进行概括，无监督聚类在发现现有文本集的内在局部结构起着关键作用，而新的类别将根据预先定义的类集合对文档进行分类。

提供许多像谷歌新闻这样的服务，对于由几个新闻机构或者相同机构发布的一个报道，往往会同时存在不同的版本。这里，聚类有助于聚合涉及同一报道的新闻，并且聚类结果可以使得访问者对于当前报道有更好的了解。

作为预处理的步骤，提取来自于网页或者新闻页面的纯文本。Reuters-22173 和 Reuters-21578 是两种比较流行的用于研究的文档数据集。数据集中一个数据实例的代表可以是词语文档向量，也可以是词语句子向量，因为数据集是文档的集合，并且这里应用余弦类度量。

5.7　练习

下面的练习用来检查你对所学知识的理解。

- ❑ 什么是 PAM 聚类算法？
- ❑ 什么是 k 均值算法？
- ❑ 什么是 k 中心点算法？
- ❑ 什么是 CLARA 算法？

❏ 什么是 CLARANS 算法？

5.8 总结

在本章中，我们讨论了以下内容：

❏ 基于划分的聚类。

❏ k 均值算法是一种基于划分的聚类算法，聚类的重心定义为每个类的代表。在 k 均值算法中，给定了 D 维空间的一组 n 个数据点和整数 k。问题是分配一组 k 个中心点以达到残差平方和（SSE）最小。

❏ k 中心点算法也是一种基于划分的聚类算法。每个得到的类的代表都是从数据集本身选择的，即数据对象属于数据集。

❏ CLARA 算法依赖于采样。它从原始数据集而不是整个数据集中抽取样本，然后将 PAM 算法应用于每次抽样。在所有迭代中，保留最好的结果。

❏ CLARANS 是一种基于随机搜索的聚类算法。

❏ 仿射传播（AP）聚类算法递归地在数据对象或者数据点之间传送相似度，并自适应地收敛到范例。

❏ 使用谱聚类基于邻接矩阵的特征向量构建图划分。

❏ 层次聚类算法将数据集 D 分解成嵌套的类的不同层次，它可以用**树形图**（dendrogram）来表示，迭代地将数据集 D 分割成更小的子集的一棵树，该过程只有在每个子集只包含一个对象时才会停止。

下一章将涵盖更高级的主题，关于聚类算法、基于密度的算法、基于网格的算法、EM 算法、高维算法以及基于约束的聚类算法等的高级主题。

第 6 章 *Chapter 6*

高级聚类分析

在本章中，你将学习如何用 R 实现聚类的高级算法，此外还提供了评估、基准测试、度量工具。

在本章中，我们将讨论以下主题：

- ❏ 电子商务客户分类分析和 DBSCAN 算法
- ❏ 网页聚类和 OPTICS 算法
- ❏ 浏览器缓存中的访客分析和 DENCLUE 算法
- ❏ 推荐系统和 STING 算法
- ❏ 网络情感分析和 CLIQUE 算法
- ❏ 观点挖掘和 WAVE 聚类算法
- ❏ 用户搜索意图和 EM 算法
- ❏ 客户购买数据分析和高维数据聚类
- ❏ SNS 和图与网络数据聚类

6.1 电子商务客户分类分析和 DBSCAN 算法

通过定义数据点空间的密度和密度度量，这些类可以建模成数据空间中具有某种密度的截面。

在有噪声的情况下基于密度的空间聚类应用算法（Density Based Spatial Clustering of Applications with Noise，DBSCAN）是最流行的基于密度的聚类算法之一。DBSCAN 算法的主要特征如下：

- ☐ 擅长处理具有噪声的大型数据集。
- ☐ 可以处理形状各异的类。

DBSCAN 基于对数据集中数据点划分为核心数据点、边界数据点和噪声数据点，并支持使用点与点之间的密度关系，这些点包括直接密度可达（directly density-reachable）、密度可达（density-reachable）和密度相连（density-connected）的点。在提供 DBSCAN 算法的详细描述之前，先说明这些基本思想。

如果预定义参数 Eps（或 $\in$）范围内的数据点的数量大于预定义参数的数目 MinPts，那么该点定义为核心点。在 Eps 内的空间称为 Eps 邻域或者 $N_\in(q)$。一个对象 o 是噪声，除非没有包含 o 的类。一个边界数据对象是属于一个类的任意对象，但不属于核心数据对象。

给定一个核心对象 p 和一个对象 q，如果 $q \in N_\in(p)$，那么对象 q 从 p **直接密度可达**。

给定一个核心对象 p 和一个对象 q，如果存在一个数据对象链 $p_1, \cdots, p_n$，$p_1 = q$，$p_n = p$，$\forall 1 \le i \le n$，且 p_i 从 p 直接密度可达，那么对象 q 从 p **密度可达**。

对于两个数据对象 q_1 和 q_2，如果存在一个核心对象 p，q_1 和 q_2 是到 p 密度可达的，那么 q_1 和 q_2 是**密度相连**的。

基于密度的类表示一组密度相连的数据对象根据密度可达能力达到最大的集合。

这里有一个例子如下图所示。

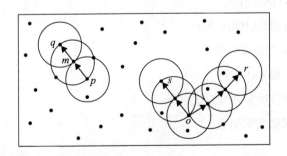

6.1.1 DBSCAN 算法

DBSCAN 算法的伪代码如下所示，并定义了其输入 / 输出参数。

DBSCAN 算法的输入参数是：

❑ D：训练元组数据集。

❑ k：邻接表大小。

❑ Eps：表示数据点邻域的半径参数。

❑ MinPts：一定存在于 Eps 邻域中的数据点的最小数（邻域密度阈值）。

❑ 算法的输出。

❑ 一组基于密度的类。

DBSCAN $(\mathbf{D}, \varepsilon, minpts)$:
1 $Core \leftarrow \emptyset$
2 **foreach** $\mathbf{x}_i \in \mathbf{D}$ **do**
3　　Compute $N_\varepsilon(\mathbf{x}_i)$
4　　$id(\mathbf{x}_i) \leftarrow \emptyset$
5　　**if** $N_\varepsilon(\mathbf{x}_i) \geq minpts$ **then** $Cores \leftarrow Cores \cup \{\mathbf{x}_i\}$
6 $k \leftarrow 0$
7 **foreach** $\mathbf{x}_i \in Core$, *such that* $id(\mathbf{x}_i) = \emptyset$ **do**
8　　$k \leftarrow k + 1$
9　　$id(\mathbf{x}_i) \leftarrow k$
10　DENSITYCONNECTED $(\mathbf{x}_i, k)$
11 $\mathcal{C} \leftarrow \{C_i\}_{i=1}^k$, where $C_i \leftarrow \{\mathbf{x} \in \mathbf{D} \mid id(\mathbf{x}) = i\}$
12 $Noise \leftarrow \{\mathbf{x} \in \mathbf{D} \mid id(\mathbf{x}) = \emptyset\}$
13 $Border \leftarrow \mathbf{D} \setminus \{Core \cup Noise\}$
14 **return** $\mathcal{C}, Core, Border, Noise$

DENSITYCONNECTED $(\mathbf{x}, k)$:
15 **foreach** $\mathbf{y} \in N_\varepsilon(\mathbf{x})$ **do**
16　$id(\mathbf{y}) \leftarrow k$
17　**if** $\mathbf{y} \in Core$ **then** DENSITYCONNECTED $(\mathbf{y}, k)$

6.1.2　电子商务客户分类分析

电子商务客户可以通过心理、特定文化的购买行为进行分类。客户分类的结果可以提高店主对客户做出响应的效率和有效性。电子商务的一般分析过程说明如下图所示。

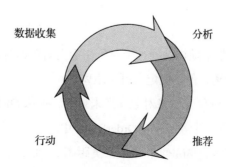

数据收集　分析

行动　推荐

6.2 网页聚类和 OPTICS 算法

将点排序以便识别聚类结构的 OPTICS 算法是 DBSCAN 算法的扩展，它基于密度的聚类现象，针对较高的密度，完全包含于较低密度的密度相连集合中。

为了同时构建具有不同密度的基于密度的类，当扩展一个类时，以特定的顺序处理对象，也就是说，根据顺序，对于密度较高的类，相对最低 ϵ（半径）范围内的密度可达对象将首先被处理好。

引入两个主要概念来说明 OPTICS 算法：对象 p 的**核心距离**和对象 p 的**可达距离**。例子如下图所示，其中，对于 MinPts = 4，o 为核心距离，$r(p_1, o)$ 和 $r(p_2, o)$ 为可达距离。

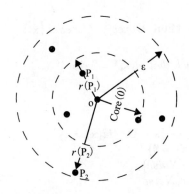

对象 p 的**核心距离**表示为最小值 ϵ'，考虑 ϵ' 邻域至少包含 **MinPts** 数据对象，否则，不能定义它。

给定两个数据对象 p 和 q，如果 q 是核心数据对象，那么对象 p 从 q 的**可达距离**代表使得 p 从 q 密度可达的最小半径值，否则，不能定义它。

在一个给定的数据集中，其中数据对象都经过处理，OPTICS 输出所有数据对象有序的序列。对于每个对象，一起计算和输出每个数据对象的核心距离和合适的可达距离。

6.2.1 OPTICS 算法

OPTICS 从输入数据集中随机选择一个对象作为当前数据对象 p。此外，对于对象 p，获取 ϵ 邻域，计算核心距离，但不能定义可达距离。

给定 p 作为核心数据对象，如果对象 q 尚未处理，那么 OPTICS 重新计算对象 q（在 p 的附近）从 p 的可达距离，并将 q 插入 OrderSeeds 中。

一旦输入数据集根据 ϵ、MinPts 和一个聚类距离 $\epsilon' \leqslant \epsilon$ 生了一个增强型类排序，那么基于密度的聚类就会以该顺序执行。

具有多个支持函数的 OPTICS 算法的伪代码如下所示：

```
OPTICS (SetOfObjects, ε, MinPts, OrderedFile)
  OrderedFile.open();
  FOR i FROM 1 TO SetOfObjects.size Do
    Object := SetOfObject.get(i);
    IF NOT Object.Processed THEN
      ExpandClusterOrder(SetOfObjects, Object, ε,
            MinPts, OrderedFile)
  OrderedFile.close();
END; //OPTICS



ExpandClusterOrder (SetOfObjects, Objects, MinPts,)
OrderedFile);
  neighbors := SetOfObjects.neighbors(Object, ε);
  Object.Processed := TRUE;
  Object.reachability_distance :=UNDEFINED;
  Object.setCoreDistance(neighbors,   , MinPts)
  OrderedFile.write(Object);
  IF Object.core_distance<> UNDEFINED THEN
    OrderSeeds.update(neighbors,Object);
    WHILE NOT OrderSeed.empty()DO
      currentObject :=OrderSeeds.next()
      neighbors:=SetOfObject.neighbors(currentObject, ε);
      currentObject.Processed :=TRUE;
      currentObject.setCoreDistance(neighbors, ε,MinPts)
      OrderdFile.write(currentObject);
      IF currentObject.core_distance<>UNDEFINED THEN
        OrderSeeds.update(neighbore, currentObject);
END; // ExpandClusterOrder



OrderSeeds::update(neightbors, CenterObject);
  c_dist :=CenterObject.core_distance;
  FORALL Object FROM neighbors DO
    IF NOT Object.Processed THEN
      new_r_dist:=max(c_dist,CenterObject.dist(Object));
      IF Object.reachability_distance=UNDEFINED THEN
        Object.reachability_distance :=new_r_dist;
        insert(Object, new_r_dist);
      ELSE // Object already inOrderSeeds
        IF new_r_dist<Object.reachability_distance THEN
          Object.reachability_distance :=new_r_dist;
          decrease(Object, new_r_dist);
END; //OrderSeeds::update


ExractDBSCAN-Clustering(ClusterOrderedObjs, ε', MinPts)
// Precondition: ε '≤ generating dist ε for ClusterOrderedObjs
  ClusterId := NOISE;
  FOR i FROM 1 TO ClusterOrderedObjs.size Do
    Object :=ClusterOrderedObjs.get(i);
    IF Object.reachability_distance>ε' THEN
```

```
        // UNDEFINED > ε
       IF Object.core_distance ≤ ε' THEN
          ClusterId := nextId(ClusterId);
          Object.clusterId := ClusterId;
        ELSE
          Object.clusterId := NOISE;
       ELSE      // Object.reachability_distance ≤ ε'
          Object.clusterId := ClusterId;
    END; // ExtractDBSCAN-Clustering
```

6.2.2 R 语言实现

对于上述提到的算法，请参见 R 代码包中的 R 代码文件 ch_06_optics.R。该代码可以通过下面的命令进行测试：

```
> source("ch_06_optics.R")
```

6.2.3 网页聚类

网页聚类可以用来对相关的文本或者文章分组，作为监督学习的预处理步骤。它能自动分类。

网页是通用的且具有不同的结构（好的形式或者没有结构的差的形式）和内容。

Yahoo! 的行业网页数据（CMUWeb KBProject，1998）用作这里的测试数据。

6.3 浏览器缓存中的访客分析和 DENCLUE 算法

DENCLUE（DENsity-based CLUstEring）是一个基于密度的聚类算法，它依赖于密度分布函数的支持。

在详细说明 DENCLUE 算法之前，先介绍一些概念，它们是**影响函数**、**密度函数**、**梯度和密度吸引点**。

具体数据对象的影响函数可以是任意函数，其中高斯核（Gaussian kernel）通常用作数据点的核。

点 x 的密度函数定义为在该数据点所有数据对象的影响函数的和。

如果一个点是其密度函数的局部最大值，那么该点定义为密度吸引点。它计算如下：

$$x^0 = x$$

$$x^{i+1} = x^i + \delta * \frac{\nabla f_B^D\left(x^i\right)}{\left\|\nabla f_B^D\left(x^i\right)\right\|}$$

给定密度函数 $f_B^D(x)$，密度函数的梯度如下式所示：

$$\nabla f_B^D(x) = \sum_{i=1}^{N} (x_i - x) * f_B^{x_i}(x)$$

DENCLUE 算法首先定义数据点空间的密度函数，搜索和发现所有的局部最大数据点，将每个数据点分配给最近的局部最大值点中以便最大化与之相关的密度。每组数与一个局部最大值点绑定的每组数据点定义为一个类。作为后处理，如果一个类绑定的局部最大密度小于用户预定义值，那么丢失该类；如果存在一个路径使得位于该路径上的每个点具有比用户预定义值大的密度，那么就合并这些类。

6.3.1　DENCLUE 算法

DENCLUE 算法的伪代码如下所示：

DENCLUE $(\mathbf{D}, h, \xi, \varepsilon)$:
$\mathcal{A} \leftarrow \emptyset$
foreach $\mathbf{x} \in \mathbf{D}$ **do**
　　$\mathbf{x}^* \leftarrow \text{FINDATTRACTOR}(\mathbf{x}, \mathbf{D}, h, \varepsilon)$
　　if $\hat{f}(\mathbf{x}^*) \geq \xi$ **then**
　　　　$\mathcal{A} \leftarrow \mathcal{A} \cup \{\mathbf{x}^*\}$
　　　　$R(\mathbf{x}^*) \leftarrow R(\mathbf{x}^*) \cup \{\mathbf{x}\}$
$\mathcal{C} \leftarrow \{\text{maximal } C \subseteq \mathcal{A} \mid \forall \mathbf{x}_i^*, \mathbf{x}_j^* \in C, \mathbf{x}_i^* \text{ and } \mathbf{x}_j^* \text{ are density reachable}\}$
foreach $C \in \mathcal{C}$ **do**
　　foreach $\mathbf{x}^* \in C$ **do** $C \leftarrow C \cup R(\mathbf{x}^*)$
return $\mathcal{C}$
FINDATTRACTOR $(\mathbf{x}, \mathbf{D}, h, \epsilon)$:
$t \leftarrow 0$
$\mathbf{x}_t \leftarrow \mathbf{x}$
repeat
　　$\mathbf{x}_{t+1} \leftarrow \dfrac{\sum_{i=1}^{n} K\left(\frac{\mathbf{x}_t - \mathbf{x}_i}{h}\right) \cdot \mathbf{x}_t}{\sum_{i=1}^{n} K\left(\frac{\mathbf{x}_t - \mathbf{x}_i}{h}\right)}$
　　$t \leftarrow t + 1$
until $\|\mathbf{x}_t - \mathbf{x}_{t-1}\| \leq \varepsilon$
return $\mathbf{x}_t$

6.3.2　R 语言实现

对于上述提到的算法，请参见 R 代码包中的 R 代码文件 `ch_06_denclue.R`。该代码可以通过下面的命令进行测试：

```
> source("ch_06_denclue.R")
```

6.3.3 浏览器缓存中的访客分析

浏览器缓存分析为网站所有者提供了方便，它向访客展示了最匹配的部分，同时，这与他们的隐私保护是相关的。在这种情形下，数据实例有浏览器缓存、会话、cookies 以及各种日志等。

数据实例中包含的可能因素可以是网址、IP 地址（表示访客的位置）、访客停留在具体网页上的持续时间、用户访问过的网页、被访问网页的序列以及每次访问的日期和时间等。网络日志可以具体到一个特定的网站或者各类不同的网站，下表给出了更详细的描述：

点击	这指下载到访客网络浏览器（比如 Internet Explorer、Mozilla 或者 Netspace）的网页的每一个元素。点击数不以任何直接的方式对应于浏览过的网页数或者一个网站的访客数。例如，一个访客下载了一个具有 3 个图的网页，网络日志将显示 4 次点击：一次用于网页，3 个图各一次
唯一的访客	来自唯一 IP 地址的网站的实际访客数量（参考该表中的 IP 地址）
新访客 / 回访者	相比于回访者数量的第一次访问该网站的访客数
页面浏览量	一个具体的网页被浏览的次数：准确显示人们在一个网站正在浏览（或者没有正在浏览）的内容。当访客点击页面刷新按钮时，就记录另一个页面浏览
每位访客的页面浏览量	页面浏览量除以访客数：测量网页浏览者每次访问网站时，他们浏览了多少页面
IP 地址	用于计算机的数字标识符。（IP 地址的格式是一个 32 位数字地址，每 4 个数字用点分隔，每个数字可以是 0 ~ 255. 例如，1.160.10.240 可能是一个 IP 地址。）IP 地址可以用来确定访客的来源（即国家），它还可以用来确定一个网站的访客来自哪个特定的计算机网络
访客位置	访客的地理位置
访客语言	设置在访客计算机上的语言
参照网页 / 网址（URL）	指示访客如何进入一个网站（即，他们是否输入 URL（统一资源定位符）或者网址，直接进入网络浏览器，或者他们是否通过另一个网站的链接点击进入）
关键词	如果参照 URL 是一个搜索引擎，那么可以确定访客使用的关键词（检索的字符串）
浏览器类型	访客正在使用的浏览器软件类型（即 Netscape、Mozilla 和 Internet Explorer 等）
操作系统版本	网站访客使用的具体的操作系统
屏幕分辨率	访客计算机的显示器设置
支持 Java 或者 Flash	访客的计算机是否允许 Java（一种运用于网络上的编程语言）或者 Flash（允许网页动画显示或者动态显示的一个软件工具）
连接速度	访客是从较慢的拨号连接、高速的宽带或者 TI 访问网站
错误	服务器记录的错误数，比如错误 "404-file not found"，可以用来识别网站上断开的链接或者其他问题
访问持续时间	网站上停留的平均时间（访客在离开网站之前停留在该网站的时间），使访客停留时间较长的网站称为 "粘性" 网站

（续）

访客路径 / 导航	访客如何通过特定的网页、最常见的条目网页（访客在网站上访问的第一个网页）和退出点（访客从该页面退出网站）等导航网站。例如，如果有大量的访客在看到一个特定的网页后离开网站，那么分析师可能推断要么他们找到了所需要的信息，要么该网页可能有问题（是不是该网页上发布的是运费和手续费，这些费用太高把访问者都吓跑了）
跳出率	在访问第一个页面后，访客离开该网站的百分比：通过只访问单个页面的访客数除以总的访客数来计算。跳出率有时用来作为另一个指标"粘性"

访客分析基本上是历史嗅探，用于用户行为分析。

6.4　推荐系统和 STING 算法

统计信息网格（STatistical Information Grid，STING）是一种基于网格的聚类算法。将数据集递归地划分成一个层次结构。整个输入数据集作为层次结构的根节点。一层中的每个单元由较低层中多个单元组成。例子如下图所示。

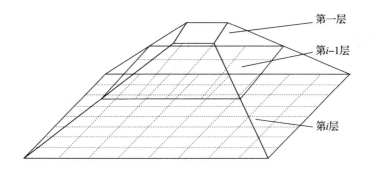

为了支持数据集的查询，预先计算每个单元格的统计信息，以便进一步处理，该信息也称为统计参数。

STING 算法的特征如下所示（但不局限于此）：

❑ 独立于查询的结构

❑ 本质上是并行的

❑ 效率高

6.4.1　STING 算法

STING 算法的伪代码如下所示：

1. Determine a layer to begin with.
2. For each cell of this layer, we calculate the confidence interval (or estimated range) of probability that this cell is relevant to the query.
3. From the interval calculated above, we label the cell as *relevant* or *not relevant*.
4. If this layer is the bottom layer, go to Step 6; otherwise, go to Step 5.
5. We go down the hierarchy structure by one level. Go to Step 2 for those cells that form the *relevant* cells of the higher level layer.
6. If the specification of the query is met, go to Step 8; otherwise, go to Step 7.
7. Retrieve those data fall into the *relevant* cells and do further processing. Return the result that meet the requirement of the query. Go to Step 9.
8. Find the regions of *relevant* cells. Return those regions that meet the requirement of the query. Go to Step 9.
9. Stop.

6.4.2 R 语言实现

对于上述提到的算法，请参见 R 代码包中的 R 代码文件 *ch_06_sting.R*。该代码可以通过下面的命令进行测试：

```
> source("ch_06_sting.R")
```

6.4.3 推荐系统

根据统计、数据挖掘和知识发现技术，推荐系统正在被大多数电子商务网站使用，使消费者更容易找到需要购买的产品。3 个主要部分是：输入数据表示、邻域形成和推荐生成，如下图所示。

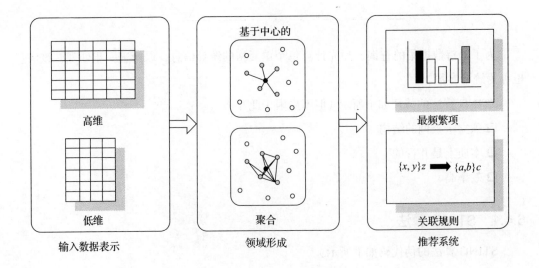

6.5　网络情感分析和 CLIQUE 算法

CLIQUE（CLustering In QUEst）算法是一个自下而上且基于网格的聚类算法。该算法的思想是 Apriori 特征，即密集单元相对于维度的单调性。如果一组数据点 S 是 k 维投影空间中的一个类，那么 S 包含在任意（k-1）维投影空间上一个类中。

该算法一层一层地处理，一维密集单元通过遍历一次数据而产生，使用候选生成程序和第（k-1）步得到的确定的（k-1）维密集集单元来生成 k 维候选单元。

CLIQUE 算法的特征如下所述：

❑ 对高维数据集有效。

❑ 结果的可解释性。

❑ 可扩展性和可用性。

对一个数据集聚类 CLIQUE 算法包含 3 个步骤。第一步，选择一组子空间来对数据集聚类；第二步，在每个子空间上独立执行聚类；第三步，以**析取范式**（Disjunctive Normal Form，DNF）表达式的形式生成每个类的简明摘要。

6.5.1　CLIQUE 算法

CLIQUE 算法的伪代码如下所示：

1）识别包含类的子空间。

2）识别类。

3）生成类的最简单的描述。

候选生成算法如下所示：

insert into C_k
Select $u_1.[l_1,h_1), u_1.[l_2,h_2),...,$
　　$u_1.[l_{k-1},h_{k-1}), u_2.[l_{k-1},h_{k-1})$
from $D_{k-1}\ u_1, D_{k-1}\ u_2$
Where $u_1.a_1=u_2.a_1, u_1.l_1=u_2.l_1, u_1.h_1=u_2.h_1,$
　　$u_1.a_2=u_2.a_2, u_1.l_2=u_2.l_2, u_1.h_2=u_2.h_2,...,$
　　$u_1.a_{k-2}=u_2.a_{k-2}, u_1.l_{k-2}=u_2.l_{k-2}, u_1.h_{k-2}=u_2.h_{k-2},$
　　$u_1.a_{k-1}<u_2.a_{k-1}$

下面的算法寻找图的连通分支，这等同于寻找类：

input: starting unit $u=\{[l_1, h_1),...[l_k, h_k)\}$
　　clusternumber n
dfs (u, n)

```
u. num=n
for ( j = 1; j < k; j ++) do begin
    ul = {[ l1, h1 ),... [(l_j^l), (h_j^l)),..., [ l_k , h_k )}
    if( ul is dense ) and ( ul. num is undefined )
    dfs (ul, n)
    ur = {[ l1, h1 ), ..., [( l_j^r), (h_j^r)),...,[ l_k , h_k )}
    if( ur is dense ) and ( ur. num is undefined )
    dfs (ur, n)
end
```

6.5.2 R 语言实现

对于上述提到的算法，请参见 R 代码包中的 R 代码文件 `ch_06_clique.R`。该代码可以通过下面的命令进行测试：

```
> source("ch_06_clique.R")
```

6.5.3 网络情感分析

网络情感分析可以用来识别文字背后的理念或者思想，例如，Twitter 上的微博情感分析。用于情感判断的一个简单例子就是比较发布的内容与预定义的词标记列表。另一个例子是可以通过竖起大拇指或者大拇指朝下来评价一个影评。

网络情感分析还用于新闻报道的偏见分析，关于具体的观点和新闻组的评估等。

6.6 观点挖掘和 WAVE 聚类算法

WAVE 聚类算法是一种基于网格的聚类算法，它依赖于空间数据集和多维信号之间的关系。其思想是在多维空间数据集中的类在小波变换（也就是将小波应用于输入数据或者预处理后的数据集）后会变得更易区分。在变换结果中，由稀疏区域划分的密集部分表示类。

WAVE 聚类算法的特征如下所述：

❏ 对大型数据集有效。

❏ 高效查找各种形状的类。

❏ 对噪声或者异常值不敏感。

❏ 对于数据集的输入顺序不敏感。

❏ 由小波变换引入的多分辨率。

❑ 适用于任何数值数据集。

WAVE 聚类算法只需执行几个步骤：第一步，创建一个网格，并将来自输入数据集的每一个数据对象分配给网格中的一个单元；第二步，通过应用小波变换函数将数据变换到一个新的空间；第三步，寻找新空间中的连通分支，将与原数据空间相关的数据对象映射为类标签。

6.6.1　WAVE 聚类算法

WAVE 聚类算法的伪代码如下所示：

Input: Multidimentional data objects' feature vectors
Output: clustered objects

1. Quantize feature space, then assign objects to
   the units.
2. Apply wavelet transform on the feature space.
3. Find the connected componebts (clusters) in the
   subbands of transformed feature space,
   at different levels.
4. Assign label to the units.
5. Make the lookup table.
6. Map the object to the clusters.

6.6.2　R 语言实现

对于上述提到的算法，请参见 R 代码包中的 R 代码文件 ch_06_wave.R。该代码可以通过下面的命令进行测试：

```
> source("ch_06_wave.R")
```

6.6.3　观点挖掘

一个实体具有一些特征。特征可能是显性的，也可能是隐性的。如果一个人或者一个组织表达一个观点，那么这个人或者这个组织就是一个观点持有者。针对一个特征的观点是源于观点持有者的一种积极的或者消极的视角、态度、情感或者评价特征。无论观点在特征上是积极的、消极的，还是中立的，都表示观点导向。

观点挖掘是指挖掘关于研究中的对象或者实体的某种特征的观点。最简单的情形就是判断观点是积极的还是消极的。

一种观点导向算法如下所示：

❑ 识别观点词和短语。

❑ 处理消极观点。

❑ But 从句。

❑ 聚合观点。

$$\text{Score}(f_i, s) = \sum_{\text{op}_j \in s} \frac{\text{op}_j \cdot \text{oo}}{d(\text{op}_j, f_i)}$$

上式表示关于某种特征 f_i 的观点导向，其中 op_j 表示 s 中的观点词，$d(\text{op}_j, f_i)$ 表示 f_i 和 op_j 之间的距离，$\text{op}_j \cdot \text{oo}$ 表示观点导向。

6.7 用户搜索意图和 EM 算法

最大期望（Expectation Maximization，EM）算法是一种基于概率模型的聚类算法，它依赖于混合模型，在混合模型中，数据通过简单模型的混合进行建模。与这些模型有关的参数通过**极大似然估计**（Maximum Likelihood Estimation，MLE）法进行估计。

混合模型假定数据是各种简单概率分布函数的组合结果。给定 K 个分布函数，第 j 个分布函数的参数为 θ_j，Θ 是所有分布参数 θ_j 的集合。

$$p(x|\Theta) = \sum_{j=1}^{K} w_j p_j(x|\theta_j)$$

EM 算法以下列方式执行。第一步，选择模型参数的初始组；第二步，是期望步骤，执行概率计算：

$$P(\text{distribution } j | x_i, \theta) = \frac{P(x_i|\theta_j)}{\sum_{l=1}^{K} P(x_i|\theta_l)}$$

上式表示每个数据对象的概率属于每个分布。最大化是第三步。根据第二步的结果，用最大化期望似然值的数更新参数估计：

$$\mu_j = \frac{1}{k} \sum_{i=1}^{n} o_i \frac{P(\Theta_j|o_i, \Theta)}{\sum_{l=1}^{n} P(\Theta_j|o_i, \Theta)} = \frac{1}{k} \frac{\sum_{i=1}^{n} o_i P(\Theta_j|o_i, \Theta)}{\sum_{i=1}^{n} P(\Theta_j|o_i, \Theta)}$$

$$\sigma_j = \sqrt{\frac{\sum_{i=1}^{n} p(\Theta_j | o_i, \Theta)(o_i - u_j)^2}{\sum_{i=1}^{n} p(\Theta_j | o_i, \Theta)}}$$

重复执行期望步骤和最大化步骤，直到输出与结束条件相匹配，即参数估计的变化小于某个阈值。

6.7.1　EM 算法

EM 算法的伪代码如下所示：

EXPECTATION-MAXIMIZATION (D, k, ε):
$t \leftarrow 0$
Randomly initialize $\mu_1^t, \cdots, \mu_k^t$
$\Sigma_i^t \leftarrow \mathbf{I}, \ \forall i = 1, \ldots, k$
$P^t(C_i) \leftarrow \frac{1}{k}, \ \forall i = 1, \ldots, k$
repeat
　　$t \leftarrow t + 1$
　　// Expectation Step
　　for $i = 1, \ldots, k$ *and* $j = 1, \ldots, n$ **do**
　　　　$w_{ij}^t \leftarrow \dfrac{f(\mathbf{x}_j | \mu_i, \Sigma_i) \cdot P(C_i)}{\sum_{a=1}^{k} f(\mathbf{x}_j | \mu_a, \Sigma_a) \cdot P(C_a)}$
　　// Maximization Step
　　for $i = 1, \ldots, k$ **do**
　　　　$\mu_i^t \leftarrow \dfrac{\sum_{j=1}^{n} w_{ij} \cdot \mathbf{x}_j}{\sum_{j=1}^{n} w_{ij}}$
　　　　$\Sigma_i^t \leftarrow \dfrac{\sum_{j=1}^{n} w_{ij}(\mathbf{x}_j - \mu_i)(\mathbf{x}_j - \mu_i)^T}{\sum_{j=1}^{n} w_{ij}}$
　　　　$P^t(C_i) \leftarrow \dfrac{\sum_{j=1}^{n} w_{ij}}{n}$
until $\sum_{i=1}^{k} \left\| \mu_i^t - \mu_i^{t-1} \right\| \leq \varepsilon$

6.7.2　R 语言实现

对于上述提到的算法，请参见 R 代码包中的 R 代码文件 ch_06_em.R。该代码可以通过下面的命令进行测试：

```
> source("ch_06_em.R")
```

6.7.3　用户搜索意图

就搜索和查询而言，确定用户搜索意图相对于稀疏数据的获得是一个重要却很困难的问题。

用户意图有广泛的应用，聚类查询修正、用户意图概括以及网络搜索意图归纳。给定网络搜索引擎查询，寻找用户意图也是一个关键和需求。

为了确定用户的兴趣和偏好，关于搜索结果的点击序列可以作为好的基础数据。

网络搜索个性化是用户搜索意图的另一个重要应用，这与用户的语境和意图相关。随着用户意图的应用，将提供更多有效且高效的信息。

6.8 客户购买数据分析和高维数据聚类

对于高维数据空间聚类，存在两个主要问题：效率和质量。需要新的算法来处理这种类型的数据集。有两种流行的策略应用于此。一种是子空间聚类策略，以便找到原始数据集空间的子空间中的类。另一种是降维策略，它创建一个较低维度的数据空间以便进一步聚类。

MAFIA 算法是一种有效且可扩展的子空间聚类算法，可用于高维和大型数据集。

6.8.1 MAFIA 算法

MAFIA 算法的伪代码如下所示：

Adaptive Grid Computation

$|A_i|$ - Cardinality of A_i
for each dimension $A_i, i \in d$
    Divide $|A_i|$ into windows of some small size x
    Compute the histogram for each unit of A_i, and set the value of the window to the maximum in the window
    From left to right merge two adjacent units if they are within a threshold β
    /* If number of bins is one, we have an equi-distributed dimension */
    if(number of bins == 1)
        Divide the dimension A_i into a fixed number of equal partitions and set a threshold β'
        for it
end

并行 MAFIA 算法的伪代码如下所示：

Parallel MAFIA Algorithm

N - Number of records
p - Number of processors
d - Dimensionality of data
A_i - i^{th} attribute $i \in d$
B - Number of records that fit in memory buffer allocated at each processor

/* Each processor reads $\frac{N}{p}$ data from its local disk */
On each processor
 Read $\frac{N}{pB}$ chunks of B records from local disk and build a histogram in each dimension $A_i, i \in d$
 Reduce communication to get the global histogram
 Determine adaptive intervals using the histogram in each dimension $A_i, i \in d$ and also fix the threshold level
 Set candidate dense units to the bins found in each dimension
 Set current dimensionality, k to 1
 while (no more dense units are found)
  if $(k > 1)$
   Build candidate dense units in k from the dense units in $(k-1)$ which share the $(k-2)$-dimensional edges
  Read $\frac{N}{pB}$ chunks of B records from local disk and for every record populate the candidate dense units
  Reduce communication to get the global candidate dense unit population
  /* Now divide the task of finding dense units between processors */
  Pick the appropriate $\frac{1}{p}^{th}$ portion of the populated candidate dense units to check if it qualifies to be a dense unit
  Reduce communication to get the global information of identified dense units
  Pick the appropriate $\frac{1}{p}^{th}$ of the dense units to find their bounds and build their data structures for use in the $(k+1)^{th}$ dimension
  Reduce communication to get the global information of the dense unit bounds
end

6.8.2　SURFING 算法

SURFING 算法的伪代码如下所示，它从数据集的原始属性中选择感兴趣的特征。

SURFING(Database DB, Integer k)
$\mathcal{S}_1 := \{\{a_1\}, \ldots, \{a_d\}\};$
compute quality of all subspaces $S \in \mathcal{S}_1$;
$\mathcal{S}_l := S \in \mathcal{S}_1$ with lowest quality;
$\mathcal{S}_h := S \in \mathcal{S}_1$ with highest quality;
if $quality(S_l) > \frac{2}{3} \cdot quality(S_h)$ **then**
 $\tau := \frac{quality(S_h)}{2};$
else
 $\tau := quality(S_l);$
 $\mathcal{S}_1 = \mathcal{S}_1 - \{S_l\};$
end if
$k := 2;$
create $\mathcal{S}_2$ from $\mathcal{S}_1$;
while not $\mathcal{S}_k = \emptyset$ **do**
 compute quality of all subspaces S in $\mathcal{S}_k$;
 $Interesting := \{S \in \mathcal{S}_k | quality(S) \uparrow\};$
 $Neutral := \{S \in \mathcal{S}_k | quality(s) \downarrow \wedge quality(S) > \tau\};$
 $Irrelevant := \{S \in \mathcal{S}_k | quality(S) \leq \tau\};$
 $\mathcal{S}_l := S \in \mathcal{S}_k$ with lowest quality;
 $\mathcal{S}_h := S \in \mathcal{S}_k - Interesting$ with highest quality;
 if $quality(S_l) > \frac{2}{3} \cdot quality(S_h)$ **then**
  $\tau := \frac{quality(S_h)}{2};$
 else
  $\tau := quality(s_l);$
 end if
 if not all subspaces irrelevant **then**
  $\mathcal{S}_k := \mathcal{S}_k - Irrelevant;$
 end if

```
        create 𝒮ₖ₊₁ from 𝒮ₖ;
        k := k + 1;
    end while
end
```

6.8.3 R 语言实现

对于上述提到的算法，请参见 R 代码包中的 R 代码文件 ch_06_surfing.R。该代码可以通过下面的命令进行测试：

```
> source("ch_06_surfing.R")
```

6.8.4 客户购买数据分析

客户购买数据分析包含了很多应用，如客户满意度分析。

根据客户购买数据分析，其中一个应用可以帮助发现不必要的消费或者用户的购买行为。

6.9 SNS 和图与网络数据聚类

图和网络数据的聚类在现代生活中有着广泛的应用，比如社交网络。然而，更多的挑战伴随着需求意外地出现。高计算成本、复杂的图形和高维稀疏和策略是主要的问题。运用一些特殊的变换，这些问题可以转换为图切割问题。

用于网络的结构聚类算法（Structural Clustering Algorithm for Network，SCAN）是其中一种算法，它通过搜索图中连接密切的分支作为类。

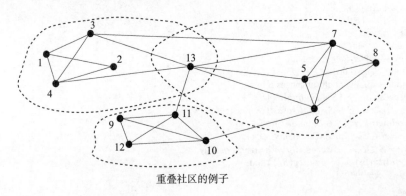

重叠社区的例子

6.9.1 SCAN 算法

SCAN 算法的伪代码如下所示：

SCAN for clusters on graph data.
Input: a graph $G = (V, E)$, a similarity threshold ε, and a
  population threshold μ
Output: a set of clusters
Method: set all vertices in V unlabeled
  for all unlabeled vertex u do
    if u is a core then
      generate a new cluster-id c
      insert all $v \in N_\varepsilon(u)$ into a queue Q
    while $Q \neq \emptyset$ do
      $w \leftarrow$ the first vertices in Q
      $R \leftarrow$ the set of vertices that can be directly reached from w
      for all $s \in R$ do
        if s is not unlabeled or labeld as nonmember then
            assign the current cluster-id c to s
        endif
        if s is not unlabeled or labeled as nonmember then
            assign the current cluster-id c to s
        endif
      endfor
    remove w from Q
    end while

    else
      label u as nonmember
    endif
  endfor
  for all vertex n labeled nonmember do
      if $\exists\, x,y \in \Gamma(u) : x$ and y have different cluster-ids then
          label u as hub
  else
      label u as outlier
  endif
  endfor

6.9.2　R 语言实现

对于上述提到的算法，请参见 R 代码包中的 R 代码文件 `ch_06_scan.R`。该代码可以通过下面的命令进行测试：

```
> source("ch_06_scan.R")
```

6.9.3　社交网络服务

社交网络已经成为当今最流行的在线交流方式。由于安全、业务和控制等的需求，社交网络服务（Social Networking Service，SNS）分析变得很重要。

社交网络服务的基础是图论，特别是对于社交网络服务挖掘，如寻找社交社团、为了不良目的滥用社交网络服务等。

社交网络服务聚类是寻找社区（或者社区检测）的一种内在的应用。随机游走是用于社交网络服务分析的另一个关键技术，并用于寻找社区。

6.10　练习

下面的练习用来检查你对所学知识的理解：

❑ 什么是 DBSCAN 算法？

❑ 什么是 SCAN 算法？

❑ 什么是 STING 算法？

❑ 什么是 OPTICS 算法？

❑ 什么是基于约束的聚类方法？

6.11　总结

在本章中，我们介绍了以下内容：

❑ DBSCAN 算法依赖于基于密度描述的聚类。通过搜索和度量数据点的密度，高密度就意味着聚类存在的可能性高，其他的密度则意味着异常值或者噪声。

❑ OPTICS 算法产生聚类的顺序，其包含了数据对象的顺序以及与之相应的可达性值和核心值。

❑ 你学习了 DENCLUE 算法是一种基于一组特定密度函数的聚类算法，且该算法可以发现任意形状的类。它首先将数据集分割成立方体，并确定局部密度分布函数。你还学习了在一个相关立方体中对每一个对象使用爬山算法（hill-climbing algorithm）搜索其局部最大值，从而构建一个类。

❑ 我们看到 STING 算法是基于网格状的数据结构，它将输入数据点的嵌入空间区域划分成矩形单元。它主要应用于空间数据集。

❑ 你学习了 CLIQUE 是一种基于网格的聚类算法，它寻找高维数据的子空间，并寻找高维数据中的密集单元。

❑ 你知道 WAVE 聚类是一种基于网格的聚类算法，基于小波变换。它具有多分辨率且对大型数据集有效。

❑ 你学习了 EM 算法，它是一种基于概率模型的聚类算法，其中具有概率的每一个数据点表示它属于一个类。它基于这样一个假设，即数据点的属性值是简单分布的线性组合。

❑ 高维数据聚类。

❑ 图和网络数据聚类。

在下一章中，我们将介绍与异常值检测及其算法有关的主要话题，并讨论它们的一些实例。

异常值检测

在本章中，你将学习如何编写 R 代码来检测真实世界情形中的异常值。一般来说，异常的出现有各种原因，比如数据集因为数据来自不同的类、数据测量系统误差而受到损害。

根据异常值的特征，异常值与原始数据集中的常规数据显著不同。开发了多种解决方案来检测它们，其中包括基于模型的方法（model-based method）、基于相似度的方法（proximity-based method）以及基于密度的方法（density-based method）等。

在本章中，我们将讨论以下主题：

❏ 信用卡欺诈检测和统计方法。

❏ 活动监测——手机欺诈检测和基于邻近度的方法。

❏ 入侵检测和基于密度的方法。

❏ 入侵检测和基于聚类的方法。

❏ 监控基于网络和基于分类的方法的性能。

❏ 文本的新奇性检测、话题检测与上下文异常值挖掘。

❏ 空间数据中的集体异常值。

❏ 高维数据中的异常值检测。

下图说明异常值检测方法的分类。

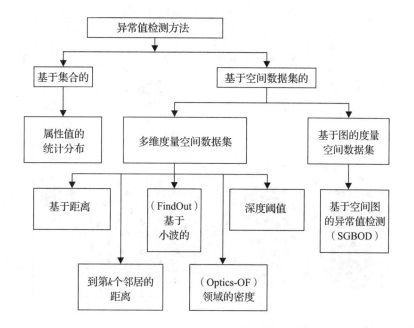

异常值检测系统的输出可分为两类：一类是**标记结果**（labeled result），另一类是**计分结果**（scored result）（或有序列表（an ordered list））。

7.1　信用卡欺诈检测和统计方法

检测异常值的一种主要方法是基于模型的方法或者统计方法。异常值定义为不属于表示原始数据集的模型的对象，即该模型不会生成异常值。

对于特定的数据集，在可采用的精确模型之间，有很多种可用的选择，比如高斯和泊松。如果使用错误的模型来检测异常值，那么正常的数据点可能会被错误地识别为异常值。除了应用单一的分布模型外，分布模型的混合也很实用。

采用对数似然函数来寻找模型的参数估计：

$$\ln \mathcal{L}(\mu, \sigma^2) = \sum_{i=1}^{n} \ln f(x_i|(\mu, \sigma^2)) = -\frac{n}{2}\ln(2\pi) - \frac{n}{2}\ln\sigma^2 - \frac{1}{2\sigma^2}\sum_{i=1}^{n}(x_i-\mu)^2$$

$$\hat{\mu} = \bar{x} = \frac{1}{n}\sum_{i=1}^{n}x_i$$

$$\hat{\sigma}^2 = \frac{1}{n}\sum_{i=1}^{n}(x_i - \bar{x})^2$$

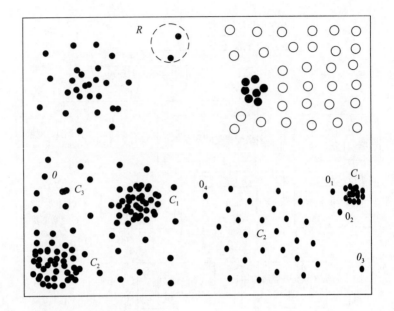

7.1.1 基于似然的异常值检测算法

基于似然的异常值检测算法的伪代码如下所示：

1: *LBOutlierDetection* (D, M, A, c) {

2:     *At time* $t = 0$, *let* M_t *contains all the data objects, while* A_t *is empty set*

3:     $LL_t(D) \leftarrow LL(M_t) + LL(A_t)$

4:     *foreach* $(x \in M_t)$ {

5:         $M_{t+1} \leftarrow M_t - \{x\}$, $A_{t+1} \leftarrow A_t \cup \{x\}$

6:         $LL_{t+1}(D) \leftarrow LL(M_{t+1}) + LL(A_{t+1})$

7:         $\Delta = LL_t(D) - LL_{t+1}(D)$

8:         *if* $(\Delta > c)$ {

9:             *x is an outlier, M, A keeps unchanged.*

10:         }

11:     }

12: }

7.1.2 R 语言实现

对于上述提到的算法，请参见 R 代码包中的 R 代码文件 ch_07_lboutlier_detection.R。该代码可以通过下面的命令进行测试：

```
> source("ch_07_lboutlier_detection.R")
```

7.1.3　信用卡欺诈检测

欺诈指的是发生在各种商业公司（比如信用卡、银行或者保险公司）的犯罪活动。对于信用卡欺诈检测，主要包括两个应用，信用卡欺诈性申请和信用卡欺诈性使用。欺诈表示对于信用卡特定使用者的平均使用量行为异常，即用户的交易记录异常。

这种异常值在统计上表示信用卡被盗用，这不同于犯罪活动的正常性质。在这种情形下，异常值的一些例子包括购买率高和非常高的付款额等。

付款的地点、用户以及背景都是数据集中的可能属性。聚类算法是可能的解决方案。

7.2　活动监控——涉及手机的欺诈检测和基于邻近度的方法

两种主要的基于邻近度的方法是基于距离和基于密度的异常值检测算法。

7.2.1　NL 算法

嵌套循环算法（Nested Loop NL）算法的伪代码如下所示：

Algorithm NL

1. Fill the first array (of size $\frac{B}{2}$% of the dataset) with a block of tuples from T.
2. For each tuple t_i in the first array, do:
   a. $count_i \leftarrow 0$
   b. For each tuple t_j in the first array, if dist$(t_i, t_j) \leq D$:
      Increment $count_i$ by 1. If $count_i > M$, mark t_i as a non-outlier and proceed to next t_i.
3. While blocks remain to be compared to the first array, do:
   a. Fill the second array with another block (but save a block which has never served as the first array, for last).
   b. For each unmarked tuple t_i in the first array do:
      For each tuple t_j in the second array, if dist$(t_i, t_j) \leq D$:
         Increment $count_i$ by 1. If $count_i > M$, mark t_i as a non-outlier and proceed to next t_i.
4. For each unmarked tuple t_i in the first array, report t_i as an outlier.
5. If the second array has served as the first array anytime before, stop; otherwise, swap the names of the first and second arrays and goto step 2.

7.2.2　FindAllOutsM 算法

FindAllOutsM 算法的伪代码如下所示：

Algorithm FindAllOutsM

1. For $q \leftarrow 1, 2, \ldots m$, $Count_q \leftarrow 0$
2. For each object P, map P to an appropriate cell C_q, store P, and increment $Count_q$ by 1.
3. For $q \leftarrow 1, 2, \ldots, m$, if $Count_q > M$, label C_q *red*.
4. For each *red* cell C_r, label each of the L_1 neighbours of C_r *pink*, provided the neighbour has not already been labelled *red*.
5. For each non-empty *white* (i.e., uncoloured) cell C_w, do:
   a. $Count_{w2} \leftarrow Count_w + \sum_{i \in L_1(C_w)} Count_i$
   b. If $Count_{w2} > M$, label C_w *pink*.
   c. else
      1. $Count_{w3} \leftarrow Count_{w2} + \sum_{i \in L_2(C_w)} Count_i$
      2. If $Count_{w3} \leq M$, mark all objects in C_w as outliers.
      3. else for each object $P \in C_w$, do:
         i. $Count_P \leftarrow Count_{w2}$
         ii. For each object $Q \in L_2(C_w)$, if $dist(P, Q) \leq D$:
            Increment $Count_P$ by 1. If $Count_P > M$, P cannot be an outlier, so goto 5(c)(3).
         iii. Mark P as an outlier.

7.2.3　FindAllOutsD 算法

FindAllOutsD 算法的伪代码如下所示:

Algorithm FindAllOutsD

1. For $q \leftarrow 1, 2, \ldots m$, $Count_q \leftarrow 0$
2. For each object P in the dataset, do:
   a. Map P to its appropriate cell C_q but do not store P.
   b. Increment $Count_q$ by 1.
   c. Note that C_q references P's page.
3. For $q \leftarrow 1, 2, \ldots, m$, if $Count_q > M$, label C_q *red*.
4. For each *red* cell C_r, label each of the L_1 neighbours of C_r *pink*, provided the neighbour has not already been labelled *red*.
5. For each non-empty *white* (i.e., uncoloured) cell C_w, do:
   a. $Count_{w2} \leftarrow Count_w + \sum_{i \in L_1(C_w)} Count_i$
   b. If $Count_{w2} > M$, label C_w *pink*.
   c. else
      1. $Count_{w3} \leftarrow Count_{w2} + \sum_{i \in L_2(C_w)} Count_i$
      2. If $Count_{w3} \leq M$, label C_w *yellow* to indicate that all tuples mapping to C_w are outliers.
      3. else $Sum_w \leftarrow Count_{w2}$
6. For each page i containing at least 1 *white* or *yellow* tuple, do:
   a. Read page i.
   b. For each *white* or *yellow* cell C_q having tuples in page i, do:
      1. For each object P in page i mapped to C_q, do:
         i. Store P in C_q.

        ii. $Kount_P \leftarrow Sum_q$

7. For each object P in each non-empty *white* cell C_w, do:
   a. For each *white* or *yellow* cell $C_L \in L_2(C_w)$, do:
      1. For each object $Q \in C_L$, if $dist(P, Q) \leq D$:

         Increment $Kount_P$ by 1. If $Kount_P > M$, mark P as a non-outlier, and goto next P.

8. For each object Q in each *yellow* cell, report Q as an outlier.
9. For each page i containing at least 1 tuple that (i) is both *non-white* and *non-yellow*, and (ii) maps to an L_2 neighbour of some white cell C, do:
   a. Read page i.
   b. For each cell $C_q \in L_2(C)$ that is both *non-white* and *non-yellow*, and has tuples in page i, do:
      1. For each object Q in page i mapped to C_q, do:
         i. For each non-empty *white* cell $C_w \in L_2(C_q)$, do:

            For each object $P \in C_w$, if $dist(P, Q) \leq D$:

            Increment $Kount_P$ by 1. If $Kount_P > M$, mark P as a non-outlier.

10. For each object P in each non-empty *white* cell, if P has not been marked as a non-outlier, then report P as an outlier.

7.2.4 基于距离的算法

基于距离的异常值检测算法的伪代码如下所示，给定数据集 D，输入数据集的大小为 n，阈值为 $r(r>0)$，且 $\pi \in (0,1]$：

```
for i in n
    count = 0
    for j in n
        if i ≠ j and dist (o_i, o_j) ≤ r
            count++
            if count ≥ π {
                exit (o_i cannot be a DB (r,π) outlier)
            }
        }
    }
    print o_i, which is determined as a DB (r,π) outlier
}
```

异常值 DB(r, π) 定义为一个数据点 o，并且服从下式：

$$\|\{o'|\mathrm{dist}(o,o') \leq r\}\| / \|D\| \leq \pi$$

现在，让我们来了解多种基于距离的异常值检测算法的伪代码，它们总结在下面的列表中。输入参数为 k、n 和 D，分别表示近邻的数目、需要识别的异常值数和输入数据集。还定义了一些支持函数。Nearest(o,s,k) 将 S 中的 k 个最近对象返回给 o，Maxdist(o,S) 返回

o 与 S 中的点之间的最大距离，TopOutlier(S,n) 根据到它们第 k 个最近邻的距离，返回 S 中的前 n 个异常值。

```
 1: O ← ∅
 2: D_{min}^k ← 0
 3: for each object o in D do
 4:     Neighbours(o) ← ∅

 5:     D^k(o) ← 0
 6:
 7:     for each object v in D, where v ≠ o do
 8:         Neighbours(o) = Nearest(o, Neighbours(o)∪ v, k)
 9:         D^k(o) = Maxdist(o, Neighbours(o))
10:         if |Neighbours(o)| = k and D_{min}^k > D^k(o) then
11:             break
12:         end if
13:     end for
14:     O = TopOutliers(O ∪ o, n)
15:     if |O| = n then
16:         D_{min}^k = min(D^k(o) for all o in O)
17:     end if
18: end for
```

7.2.5　Dolphin 算法

Dolphin 算法是一种基于距离的异常值检测算法。该算法的伪代码如下所示：

Algorithm DOLPHIN
initialize an empty DBO-index INDEX

for each object obj of **DS do**
　associate a DBO-node n_{curr} with the object obj
　if not isInlier(n_{curr}) **then**
　　insert n_{curr} into INDEX
remove from INDEX all the nodes n such that $n.rad \leq R$
set to zero all the entries of the $n.nn$ arrays of the nodes n in INDEX

for each object obj of **DS do**
　execute the procedure **pruneInliers**(obj)
the objects remaining in INDEX are the outliers of **DS**

Function isInlier(n_{curr})

perform a range query search in INDEX with center $n_{curr}.obj$ and radius R
for each node n_{index} returned by the range query **do**
　$dst = \text{dist}(n_{curr}.obj, n_{index}.obj)$
　if $dst \leq R - n_{index}.rad$ **then**
　　stop the search and report $n_{curr}.obj$ as an inlier [PR1] (return TRUE)
　if $dst \leq R$ **then**
　　$oldrad = n_{index}.rad$
　　update the array $n_{index}.nn$ with the distance dst
　　if $oldrad > R$ and $n_{index}.rad \leq R$ **then**

remove, with probability $1 - p_{inliers}$, the node n_{index} from INDEX [PR2]
　　update the array $n_{curr}.nn$ with the distance dst
　　if $n_{curr}.rad \leq R$ then
　　　　stop the search and report $n_{curr}.obj$ as an inlier [PR3] (return TRUE)
report $n_{curr}.obj$ as not an inlier (return FALSE)

Procedure pruneInliers(obj)

perform a range query search in INDEX with center obj and radius R
for each node n_{index} returned by the range query **do**
　　if dist($obj, n_{index}.obj$) $\leq R$ **then**
　　　　update the array $n_{index}.nn$ with obj
　　　　if $n_{index}.rad \leq R$ **then**
　　　　　　delete n_{index} from INDEX

7.2.6　R 语言实现

对于上述提到的算法，请参见 R 代码包中的 R 代码文件 ch_07_proximity_based.R。该代码可以通过下面的命令进行测试：

```
> source("ch_07_proximity_based.R")
```

7.2.7　活动监控与手机欺诈检测

异常值检测的目的是找到源数据集中不符合标准行为的模式。这里数据集包含呼叫记录以及存在于呼叫记录中的模式。

对于每一个特定的领域，开发了许多特殊的算法。手机滥用称为手机诈骗。研究的主题就是呼叫活动或者呼叫记录。相关的属性包括，但不局限于，呼叫持续时间、呼叫城市、呼叫日以及各种呼叫服务的比率。

7.3　入侵检测和基于密度的方法

这里是基于 LOF、LRD 等概念的异常值形式化的正式定义。一般来说，异常值是指一个数据点偏离其他数据点太多以致它似乎不是来自相同的分布函数，而其他数据点都是来自相同的分布函数。

给定一个数据集 D，一个 DB(x,y) 异常值 p 定义如下：

$$\left|\{q \in D | d(p,q) \leq y\}\right| \leq x$$

数据点 p 的 k 距离表示数据点 p 与数据点 o 之间的距离，o 是 D 的成员，dist$_k(p)$ 表示数据点 p 的 k 距离：

$$\left|\{o' \in D \setminus \{p\} | d(p,o') \leq d(p,o)\}\right| \geq k$$

$$\left|\{o' \in D \setminus \{p\} | d(p,o') < d(p,o)\}\right| \leq k-1$$

对象 p 的 k 距离近邻定义如下，q 是 p 的 k 最近邻：

$$N(p) = \{q \in D \setminus \{p\} | d(p,q) \leq dist_k(p)\}$$

下式给出了对象 p 相对于对象 o 的可达距离：

$$reachdist_k(p,o) = \max\{dist_k(o), d(p,o)\}$$

数据对象 o 的**局部可达密度**（Local Reachability Density，LRD）定义为：

$$lrd_{MinPts}(p) = 1 / \left(\frac{\sum_{o \in N_{MinPts}(p)} reach\text{-}dist_{MinPts}(p,o)}{\left|N_{MinPts}(p)\right|} \right)$$

局部异常因子（Local Outlier Factor，LOF）定义如下，它用于测量异常的程度：

$$LOF_{MinPts}(p) = \frac{\sum_{o \in N_{MinPts}(p)} \frac{lrd_{MinPts}(o)}{lrd_{MinPts}(p)}}{\left|N_{MinPts}(p)\right|}$$

LOF(p) 的一个性质定义如下式所示：

$$\frac{direct_{min}(p)}{indirect_{max}(p)} \leq LOF(p) \leq \frac{direct_{max}(p)}{indirect_{min}(p)}$$

$$direct_{min}(p) = \min\{reachdist(p,q) | q \in N_{MinPts}(p)\}$$

$$indirect_{min}(p) = \min\{reachdist(q,o) | q \in N_{MinPts}(p), o \in N_{MinPts}(q)\}$$

这些公式的说明如下图所示。

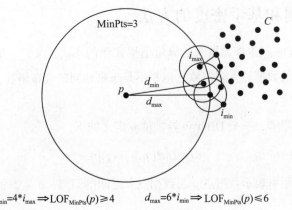

$d_{min}=4*i_{max} \Rightarrow LOF_{MinPts}(p) \geq 4$ $d_{max}=6*i_{min} \Rightarrow LOF_{MinPts}(p) \leq 6$

7.3.1 OPTICS-OF 算法

Bagging 算法的输入参数：

❑ 数据集 $D(A_1, \cdots, A_m)$

❑ 参数 α

❑ 另一个参数 β

该算法的输出是所有记录的 CBLOF 值。

OPTICS-OF 算法的伪代码如下所示：

$1: OPTICS - OF\ (D, K, S)\ \{$

$2: \quad clustering\ the\ dataset\ D(A_1, ..., A_m)\ by\ squeezer\ algorithm;$

$the\ prodused\ clusters\ are\ C = \{C_1, ..., C_k\}, and\ |C_1| \geq ... \geq |C_k|$

$3: \quad get\ LC\ and\ SC\ with\ the\ two\ parameters;$

$4: \quad for(each\ record\ t\ in\ the\ dataset\ D)\{$

$5: \quad\ \ if\ (t \in C_i\ and\ C_i \in SC)\{$

$6: \qquad CBLOF = |C_i| * min(distance(t, C_i)), C_j \in LC;$

$7: \quad\ \ \}\ else\ \{$

$8: \qquad CBLOF = |C_i| * distance(t, C_i), C_i \in LC;\ ;$

$9: \quad\ \ \}$

$10: \quad return\ CBLOF$

$11: \}$

$12: \}$

7.3.2 高对比度子空间算法

高对比度子空间算法（High Contrast Subspace，HiCS）的伪代码如下所示，其中输入参数为 S、M 和 ∞，输出是一个对比值 $|S|$。

---
calculation of subspace contrast

---

for $i = 1 \rightarrow M$ **do**

    Permute list of subspace attributes $s \in S$

    Initialize boolean vector *selected_objects* for all objects: *true*

    for $i = 1 \rightarrow |S| - 1$ **do**

        Select random index block of attribute s_i with a size of

        $N \cdot {}^{|S|}\!\sqrt{\alpha}$

        Mask index block with *selected_objects*

    end for

    Compare distributions: $deviation\ (\hat{p}_{s_i},\ \hat{p}_{s_i|selected\_objects})$ for the

    remaining attribute with $i = |S|$.

end for

Combine the results of all statistical test

7.3.3 R 语言实现

对于上述提到的算法，请参见 R 代码包中的 R 代码文件 ch_07_density_based. R。该代码可以通过下面的命令进行测试：

```
> source("ch_07_ density _based.R")
```

7.3.4 入侵检测

针对系统、网络和服务器的任意恶意行为都可以视为入侵，而发现这样的行为就称为**入侵检测**（intrusion detection）。

你可以检测入侵的情形特征为大容量数据、数据集中丢失的标记数据（可用于某些特定解决方案的训练数据）、时间序列数据以及输入数据集中的虚警率。

入侵检测系统有两种类型：基于主机和基于网络的入侵检测系统。一个基于数据挖掘的入侵检测的流行架构如下图所示。

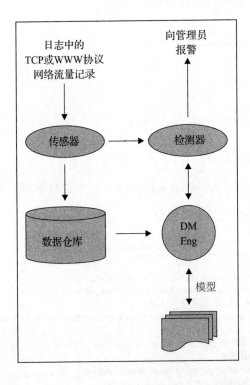

根据入侵检测的特征，应用于异常值检测系统的核心算法通常是半监督或者无监督算法。

7.4 入侵检测和基于聚类的方法

基于聚类算法的异常值检测技术的策略专注于数据对象和类之间的关系。

7.4.1 层次聚类检测异常值

使用层次聚类算法的异常值检测基于 k 最近邻图。输入参数包括输入数据集 DATA、大小模 n、每个数据点有 k 个变量、距离度量函数（d）、分层算法（h）、阈值（t）和类数（nc）。

$Out \leftarrow \phi$
Obtain the distance matrix D by applying the distance function d
 to the observations in $DATA$
Use algorithm h to grow an hierarchy using the distance matrix D
Cut the hierarchy at the level l that leads to nc clusters
FOR each resulting cluster c DO
 IF sizeof(c) < t THEN
  $Out \leftarrow Out \cup \{obs \in c\}$

7.4.2 基于 k 均值的算法

基于 k 均值算法的异常值检测的过程如下图所示。

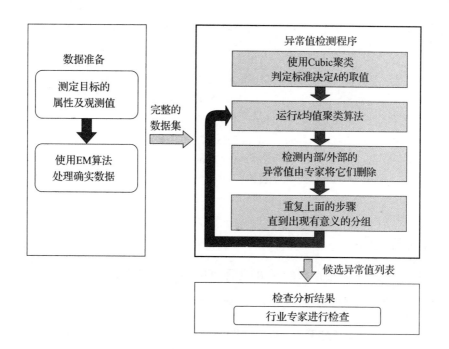

使用 k 均值算法的异常值检测的伪代码如下所示：

❏ **阶段 1（数据准备）：**

1）应该调整目标观测值和属性以便提高 k 均值聚类算法的结果和性能的准确性。

2）如果原始数据集有缺失数据，那么必须进行它们处理。将 EM 算法估计的最大似然数据作为输入来填补缺失数据。

❏ **阶段 2（异常值检测程序）：**

1）应该确定 k 值以便运行 k 均值聚类算法。确定合适的 k 值要参照**立方聚类准则**（Cubic Clustering Criterion）的值。

2）k 均值聚类算法根据所确定的 k 值运行。完成后，专家检查聚类结果中的外部和内部异常值。如果其他组的异常值的消除更有意义，那么他就停止该程序。如果其他组需要重新计算，那么他就再次运行 k 均值聚类算法，但不包含已检测的异常值。

❏ **阶段 3（审查和验证）：**

上一阶段的结果只是这个阶段的一个候选结果。通过考虑领域知识，可以找到真正的异常值。

7.4.3 ODIN 算法

使用入度数的 ODIN 算法（indegree number）的异常值检测基于 k 最近邻图。

```
ODIN
T is indegree threshold
Calculate kNN graph of S
for i= 1 to |S| do
    if indegree of v_i ≤ T then
        Mark v_i as outlier
    end if
end for
```

7.4.4 R 语言实现

对于上述提到的算法，请参见 R 代码包中的 R 代码文件 `ch_07_clustering_based.R`。该代码可以通过下面的命令进行测试：

```
> source("ch_07_ clustering _based.R")
```

7.5　监控网络服务器的性能和基于分类的方法

分类算法可以用来检测异常值。普通的策略仅针对训练数据集中的正常数据点训练一类模型（one-class model）。一旦建立了该模型，没有被模型接受的任何数据点都标记为异常值。

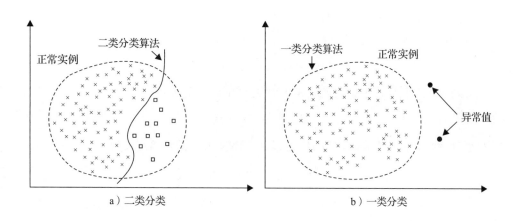

a）二类分类　　　　　　　　　　　　b）一类分类

7.5.1　OCSVM 算法

一类支持向量机（One Class SVM，OCSVM）算法将输入数据投射到高维特征空间。随着该过程的进行，它反复发现最大间隔超平面。**超平面**（hyperplane）定义在高斯再生核 Hilbert 空间（Gaussian reproducing kernel Hilbert space）中，它最好地将训练数据从原始数据中分离出来。当 $v \in [0, 1]$ 时，异常值的主要部分或者 OCSVM 的解可以用下式的解来表示$\left(满足 \sum_{k=1}^{n} w_k = 1 且 0 \leqslant w_1, \cdots, w_n \leqslant \dfrac{1}{vn}\right)$：

$$\min_{\{w_k\}_{k=1}^n} \frac{1}{2} \sum_{k,k'=1}^{n} w_k w_{k'} k_{\sigma}(\boldsymbol{x}_k, \boldsymbol{x}_{k'})$$

算法初始化：从将所有的 α_i 设置为一个随机分数 v 开始，记为 $1/(v\ell)$。如果 $v\ell$ 不是整数，那么有一个例子就要设置为 $(0, 1/(v\ell))$ 中的值以便保证 $\sum_i \alpha_i = 1$。而且，设置初始 ρ 为 $\max\{O_i : i \in [\ell], \alpha_i > 0\}$。

算法优化：然后，以下面两种方式中的一种，选择第一个变量用于初级优化步骤。这里，使用缩写 SV_{nb} 表示不受约束的变量指数，即 $\mathrm{SV}_{nb} := \{i : i \in [\ell], 0 < \alpha_i < 1/(v\ell)\}$。最后，这些对应于恰好位于超平面上的点，因此它们对其精确位置有很强的影响。

（i）扫描整个数据集直到发现一个违反 KKT 条件的变量（Bertsekas, 1995），即一个数据

点使得 $(O_i-\rho)\cdot\alpha_i>0$ 或者 $(\rho-O_i)\cdot(1/(v\ell)-\alpha_i)>0$。一旦找到一个，即 $j=\mathrm{argmax}_{n\in sv_{nb}}\alpha_i$，根据 $|O_i-O_n|$，选择 α_j。

（ii）与（i）相同，但仅在 sv_{nb} 上进行扫描。

7.5.2　一类最近邻算法

该算法基于 k 最近邻算法。两式相加。

局部密度表示为：

$$P_n(x)=k_n\,/\,N\,/\,V_n$$

测试对象 x 与其训练集中的最近邻 NN^{tr} 之间的距离定义为：

$$d_1=\left\|x-NN^{tr}(x)\right\|$$

最近邻 $NN^{tr}(x)$ 与其训练集中的最近邻 $NN^{tr}(NN^{tr}(x))$ 的距离定义为：

$$d_2=\left\|NN^{tr}(x)-NN^{tr}\left(NN^{tr}(x)\right)\right\|$$

当 $d_1\gg d_2$ 时，数据对象就标记为异常值，或者以另一种形式标记为 $\rho_{NN}(x)=d_1/d_2$。

7.5.3　R 语言实现

对于上述提到的算法，请参见 R 代码包中的 R 代码文件 `ch_07_classification_based.R`。该代码可以通过下面的命令进行测试：

```
> source("ch_07_ classification _based.R")
```

7.5.4　监控网络服务器的性能

网络服务器性能测试对于业务和操作系统管理是非常重要的。这些测试的形式可以是 CPU 使用率、网络宽带和存储等。

数据集来自各种渠道，比如基准数据、日志等。在网络服务器监控期间出现的异常值类型有点异常值（point outlier）、下文异常值（contextual outlier）和集体异常值（collective outlier）。

7.6　文本的新奇性检测、话题检测与上下文异常值挖掘

如果训练数据集中的每一个数据实例都与一个具体的上下文属性相关，那么与上下文

有很大偏差的数据点称为异常值。该假设有许多应用。

7.6.1 条件异常值检测算法

条件异常检测（Conditional Anomaly Detection，CAD）CAD 算法的伪代码如下所示：

```
1: Direct − CAD (D, K, S) {
2:    choose an initial set of values for < μ_{V_j}, ∑ V_j >, < μ_{U_i}, ∑ U_i >
, P(V_j|U_i), P(U_i), for all i, j;
3:    while (the model continues improving, which mearured by improvement of Λ) {
4:        compute b_{kij} for all k, i and j;
5:        compute < \overline{μ_{V_j}}, \overline{∑ V_j} >, < \overline{μ_{U_i}}, \overline{∑ U_i} >, \overline{P(V_j|U_i)}, \overline{P(U_i)} for all i, j;
6:        set < μ_{V_j}, ∑ V_j > = < \overline{μ_{V_j}}, \overline{∑ V_j} >, < μ_{U_i}, ∑ U_i > = < \overline{μ_{U_i}}, \overline{∑ U_i} >, P(V_j|U_i) = \overline{P(V_j|U_i)},
P(U_i) = P(U_i)
7:        return CBLOF;
8:    }
9: }
```

GMM-CAD-Full 算法的伪代码如下所示：

```
1: GMM − CAD − Full () {
2:    learn a set of n_U (d_U + d_V) − dimensional Gaussians over the dataset
{(x_1, y_1), …, (x_n, y_n)}, the result set call as z

3: /* step 2,    determine U */
4:    let μ_{Z_i} refer the centroid of the i^{th} Gaussian in Z

5:    let ∑ Z_i refer to the covariance matrix of the i^{th} Gaussian in Z

6:    for(i = 1 to n_U) {
7:        P(U_i) = P(Z_i)

8:        for(j = 1 to d_U) {
9:            μ_{V_i}[j] = μ_{Z_i}[j]
10:           for(k = 1 to d_U) {

11:               ∑ V_i[j][k] = ∑ Z_i[j][k]

12:           }
13:       }
14: }
```

15: /* step 3 ,   determine V */

16: for(i = 1 to n_v) {

17: for(j = 1 to d_v) {

18:   $\mu_{V_i}[j] = \mu_{Z_i}[j + d_U]$

19:   for(k = 1 to d_v) {

20:    $\sum V_i[j][k] = \sum Z_i[j + d_U][k + d_U]$

21:   }

22: }

23: }

24: /* step 4 */

25: run a second EM algorithm to learn the mapping function.

26: while (the model continues improving, which mearured by improvement of Λ) {

27:   compute b_{kij} for all k, i and j as in the previous sub section;

28:   compute $\overline{P(V_j|U_i)}$ as described in the previous subsection;

29:   set $P(V_j|U_i) = \overline{P(V_j|U_i)}$

30: }

GMM-CAD-Split 算法的伪代码如下所示:

1: GMM-CAD-Split (){
2: Learn U and V by performing two separate EM optimizations
3: Run step (4) from the GMM-CAT-Full algorithm to learn the mapping function
4: }

7.6.2 R 语言实现

对于上述提到的算法，请参见 R 代码包中的 R 代码文件 `ch_07_contextual_based.R`。该代码可以通过下面的命令进行测试:

```
> source("ch_07_ contextual _based.R")
```

7.6.3 文本的新奇性检测与话题检测

异常值检测的一个应用就是从来自报纸的文档或者文章中找出新奇的话题。主要检测包括观点检测，这主要是从很多观点中找出一个不寻常的观点。

随着社交媒体的增加，每天都发生很多事件。早期的收集只是针对与研究人员或者公司相关的特殊事件或者理念。

与收集中增加相关的特征包括数据的各种来源、不同格式的文档、高维属性和稀疏源数据。

7.7 空间数据中的集体异常值

给定一个数据集，如果相关数据实例的集合相对于整个数据集是异常的，那么就将它们定义为集体异常值。

7.7.1 路径异常值检测算法

路径异常检测算法（Route Outlier Detection，ROD）算法的伪代码如下所示。输入参数包含多维属性空间、属性数据集（D）、距离测量函数（F）、近邻深度（ND）、空间图（$G=(V,E)$）和置信区间（CI）：

```
for (i=1);i ≤ |RN| ; i++){
    Oi = Get_One_Object(i,D);
    NNS=Find_Neighbor_Nodes_set(Oi, ND, G)
    Accum_Dist=0;
    for(j=1; j ≤ |NSS|; j++){
        Ok = Get_One_Object(j. NNS);
        Accum_Dist + = F(Oi, Ok, S)
    }
    AvgDist = Accum_Dist/ |NSS|;
    Tvalue = (AvgDist − μs) / σs
    if(Check_Normal_Table(Tvalue, CI) == True){
        Add_Element(Outlier_Set, i);
    }
}
return Outlier_Set
```

7.7.2 R 语言实现

对于上述提到的算法，请参见 R 代码包中的 R 代码文件 `ch_07_rod.R`。该代码可以通过下面的命令进行测试：

```
> source("ch_07_ rod.R")
```

7.7.3 集体异常值的特征

集体异常值表示与输入数据集相对比不正常的数据集合，作为主要特征，只有同时出现的数据集合才将是集体异常值，但该集合中的具体数据本身不会与绝对不是异常值的数据集合中的其他数据一起出现。集体异常值的另一个特征是它可以是上下文异常值。

集体异常值可能是序列数据、空间数据等。

7.8 高维数据中的异常值检测

高维数据中的异常值检测有一些特征，使得它与其他异常值检测问题不同。

7.8.1 Brute-Force 算法

Brute-Force 算法的伪代码如下所示：

Algorithm *BruteForce(Number: m, Dimensionality: k)*

$R_1 = Q_1 =$ Set of all $d \cdot \phi$ ranges;
for $i = 2$ **to** k **do**
  begin
    $R_i = R_{i-1} \oplus Q_1$;
  end;
Determine sparsity coefficients of all
  elements in R_k;
$\mathcal{F} =$ Set of m elements in R_k
  with most negative sparsity coefficients;
$\mathcal{O} =$ Set of points covered by $\mathcal{F}$;
return$(\mathcal{F}, \mathcal{O})$;

7.8.2 HilOut 算法

HilOut 算法的伪代码如下所示：

1: *HilOut(DB, n, k, h)* {
2:   *Initialize(PF, DB)*
3:   / * *first phase* */
4:   $TOP \leftarrow \Phi$
5:   $N^* \leftarrow N; n^* \leftarrow 0, \omega^* \leftarrow 0$
6:   $j \leftarrow 0$

```
 7:   while (j≤d && n* < n){
 8:      Initialize(OUT)
 9:      Initialize(WLB)
10:      Hilbert(v^(j))
11:      Scan(v^(j), kN/N*)
12:      TrueOutliers(OUT)

13:      TOP ← OUT ∪ WLB
14:      j ←j+1
15:   }
16:   / * second phase */
17:   if (n* < n)
18:      Scan(v^(d), N)
19:   return OUT;


20: }
```

7.8.3　R 语言实现

请参见来自 R 代码包中的 HilOut 算法的 R 文件 hil_out.R。

对于上述提到的算法，请参见 R 代码包中的 R 代码文件 ch_07_hilout.R。该代码可以通过下面的命令进行测试：

```
> source("ch_07_ hilout.R")
```

7.9　练习

下面的练习用来检查你对所学知识的理解：

❑ 什么是异常值？

❑ 列出尽可能多的异常值的类型以及分类措施。

❑ 列出尽可能多的异常值检测的应用领域。

7.10　总结

在本章中，我们讨论了以下主题：

- 基于概率分布函数的统计方法。正常数据点是由模型生成的那些数据点，否则它们就定义为异常值。
- 基于邻近度的方法。
- 基于密度的方法。
- 基于聚类的方法。
- 基于分类的方法。
- 挖掘上下文异常值。
- 集体异常值。
- 高维数据中的异常值检测。

下一章将以前面章节为基础，介绍与异常值检测算法相关的主题并提供实例。我们将从一个完全不同的角度来重新学习这些技术。

第 8 章　*Chapter 8*

流数据、时间序列数据和序列数据挖掘

在本章中，你将学习如何编写流数据、时间序列数据和序列数据的挖掘代码。

流数据、时间序列数据和序列数据的特征是与众不同的，即数据量大且无尽的。它们数据量太大不能获得精确的结果，这意味着将得到一个近似的结果。因此，应该扩展经典的数据挖掘算法或者为这类型数据集设计一种新的算法。

关于流数据、时间序列数据和序列数据的挖掘，有一些我们无法回避的主题。它们是关联规则、频繁模式、分类和聚类算法等。在下面的各节中，我们将讨论这些主要主题。

在本章中，我们将讨论以下主题：

☐ 信用卡交易数据流和 STREAM 算法。

☐ 预测未来价格和时间序列分析。

☐ 股票市场数据和时间序列聚类与分类。

☐ 网络点击流和挖掘符号序列。

☐ 挖掘事务数据库中的序列模式。

8.1　信用卡交易数据流和 STREAM 算法

与我们在前面的章节中提到的一样，一种数据源总是需要多种预定义的算法或者一种全新的算法来处理。流数据的行为与传统数据集有些不同。

流数据集源于现代生活的各个方面，比如信用记录交易事务流、网络馈送（web feed）、电话呼叫记录、来自卫星或者雷达的传感器数据、网络流量数据、安全事件流以及各种数据流的长期运行列表。

流数据处理的目标是，但不局限于，对特定范围的数据流的总结。

根据流数据的特征，流化管理系统的典型构架如下图所示。

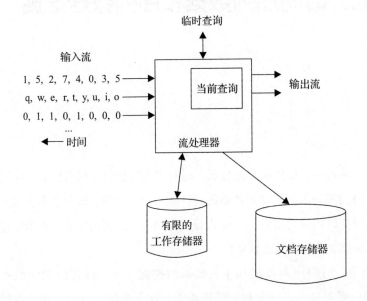

STREAM 算法是一个用于聚类流数据的经典算法。下面将介绍该算法的细节并通过 R 代码来说明。

8.1.1 STREAM 算法

STREAM 算法的伪代码如下所示：

STREAM

For each chunk X_i in the stream

1. If a sample of size $\geq \frac{1}{\epsilon} \log \frac{k}{\delta}$ contains fewer than k distinct points then:

    · $X_i \longleftarrow$ weighted representation

2. Cluster X_i using LOCALSEARCH

3. $X' \longleftarrow$ *ik* centers obtained from chunks 1 through *i* iterations of the stream, where each

center c obtained by clustering X_i is weighted by the number of points in X_i assigned to c.

4. Output the k centers obtained by clustering X_i using LOCALSEARCH

在上面的算法中，LOCALSEARCH 是一种修正的 k 中位数算法。

LOCALSEARCH $(N, d(\cdot, \cdot), k, \epsilon, \epsilon', \epsilon'')$

1. Read in n data points.

2. Set $z_{min}=0$

3. Set $z_{max}=\sum_{x \epsilon N} d(x, x_0)$, where x_0 is an arbitrary point in N

4. Set z to be $\frac{z_{max} + z_{min}}{2}$

5. Obtain an initial solution (I, a) using Algorithm InitialSolution (N, z).

6. Select $\Theta\left(\frac{1}{p} \log k\right)$ random points to serve as feasible centers

7. While more or fewer that k centers and $z_{min} < (1\text{-}\epsilon'') z_{max}$

   - Let (F, g) be the current solution
   - Run $FL(N, d, \epsilon, (F, g))$ to obtain a new solution (F', g')
   - If $|F'|$ is "about" k, run $FL(N, d, \epsilon, (F', g'))$ to obtain a new solution; reset (F', g') to be this new solution
   - If $|F'| < k$ then set $z_{min} = z$ and $z = \frac{z_{max} + z_{min}}{2}$; else if $|F'| > k$ then set $z_{max} = z$ and $z = \frac{z_{max} + z_{min}}{2}$

8. To Simulate a continuous space, move each cluster center to the center - of - mass for its cluster

9. Return our solution (F', g')

InitialSolution (data set N, facility cost z)

1. Reorder data points randomly

2. Create a cluster center at the first point

3. For every point after the first,

   - Let d be the distance form the current data point to the nearest existing cluster center
   - With probability d / z create a new cluster center at the current data point; otherwise add the current point to the best current cluster

Algorithm FL$(N, d(\cdot, \cdot), z, \epsilon, (I, a))$

1. Begin with (I, a) as the current solution
2. Let C be the cost of the current solution on N. Consider the feasible centers in random order, and for each feasible center y, if $gain(y) > 0$, perform all advantageous closures and reassignments (as per $gain$ description), to obtain a new solution (I', a') [a' should assign each point to its closest center in I']
3. Let C' be the cost of the new solution; if $C' \leq (1-\epsilon)C$, return to step 2

8.1.2　单通道法聚类算法

这里是一个处理高频新数据流的聚类算法：

Single pass anytime clustering algorithm.

Input:
    Document vector stream $V = \{v_i | i=1,...,\infty\}$
    Cluster candidate selection function $p\,(\cdot,\cdot)$.
    Distance function $\delta\,(\cdot,\cdot)$ between vectors and clusters.
    Distance threshold T.

Output:
    Set of clusters $C = \{c_j \subset V \mid j=1,....,\infty\}$.

```
 1:  C := ∅
 2:  for all i = 1,...,∞ do
 3:      Ĉ := p(C,vi) ⊆ C
 4:      d̂ := min{δ(vi, c)|c ∈ Ĉ}
 5:      if d̂ < T then
 6:          ĉ := c ∈ C δ(vi)= d̂
 7:          ĉ := ĉ ∪ {vi}
 8:      else
 9:          C := C ∪ {{vi}}
10:      end if
11:  end for
```

8.1.3　R 语言实现

对于上述提到的算法，请参见 R 代码包中的 R 代码文件 ch_08_stream.R。该代码可以通过下面的命令进行测试：

```
> source("ch_08_stream.R")
```

8.1.4　信用卡交易数据流

日复一日，电子商务市场的增长推动了信用卡使用的增长，反过来，信用卡使用的增长带来了大量的交易数据流。信用卡的欺诈使用每天都在发生，与大量的交易相比，我们希望算法能在很短的时间内检测出这种欺诈交易。除此之外，通过交易数据流分析来找到有价值客户的需求正变得越来越重要。然而，在很短的时间内获得有效信息对广告需求做出反应则更难，比如向这些客户推荐必要的金融服务或者产品。

信用卡交易数据流也是生成流数据的过程，而且应用相关的流数据挖掘算法具有高准确度。

信用卡交易数据流挖掘的一个应用是消费者的行为分析。使用存储的每个交易记录，可以追踪某个人的各种费用或者购买。使用这样的交易记录挖掘，可以对信用卡持有者进行分析，帮助他们保持财政平衡或者其他财务目标。还可以对发卡机构进行分析，他们发行信用卡来创建新的业务，比如基金或者贷款，或者对零售商（商家）进行分析，比如帮助沃尔玛布置相应的产品。

关于信用卡交易数据流挖掘的另一个应用是欺诈检测。这是大量应用中最明显的应用。使用该解决方案，发卡机构或者银行可以降低成功欺诈的比率。

信用卡交易的数据集包括信用卡的持有者、消费场所、日期和费用等。

8.2　预测未来价格和时间序列分析

自回归综合移动平均（Auto Regressive Integrated Moving Average，ARIMA）是分析时间序列数据的一种经典算法。作为初始步骤，选择 ARIMA 模型对时间序列数据建模。假设 pt 是一个时间序列变量，比如价格，其公式定义如下，并且它包含了变量的主要特征：

$$\phi(B)\,pt = \theta(B)\,\varepsilon_t$$

$$\phi(B)\,pt = \left(1-\phi_1 B^1-\phi_2 B^2\right)\left(1-\phi_{24}B^{24}-\phi_{48}B^{48}\right)$$
$$\times\left(1-\phi_{168}B^{168}\right)\left(1-B\right)\left(1-B^{24}\right)$$
$$\left(1-\phi_1 B^1-\phi_2 B^2-\phi_3 B^3-\phi_4 B^4-\phi_5 B^5\right)$$
$$\times\left(1-\phi_{23}B^{23}-\phi_{24}B^{24}-\phi_{47}B^{47}-\phi_{48}B^{48}\right.$$
$$-\phi_{72}B^{72}-\phi_{96}B^{96}-\phi_{120}B^{120}-\phi_{144}B^{144}\right)$$
$$\times\left(1-\phi_{168}B^{168}-\phi_{336}B^{336}-\phi_{504}B^{504}\right)\log pt$$
$$= c+\left(1-\theta_1 B^1-\theta_2 B^2\right)\left(1-\theta_{24}B^{24}\right)$$
$$\times\left(1-\theta_{168}B^{168}-\theta_{336}B^{336}-\theta_{504}B^{504}\right)\varepsilon_t$$
$$\left(1-\phi_1 B^1-\phi_2 B^2\right)$$
$$\times\left(1-\phi_{23}B^{23}-\phi_{24}B^{24}-\phi_{47}B^{47}-\phi_{48}B^{48}\right.$$
$$-\phi_{72}B^{72}-\phi_{96}B^{96}-\phi_{120}B^{120}-\phi_{144}B^{144}\right)$$
$$\times\left(1-\phi_{167}B^{167}-\phi_{168}B^{168}-\phi_{169}B^{169}-\phi_{192}B^{192}\right)$$
$$\times\left(1-B\right)\left(1-B^{24}\right)\left(1-B^{168}\right)\log pt$$
$$= c+\left(1-\theta_1 B^1-\theta_2 B^2\right)$$
$$\times\left(1-\theta_{24}B^{24}-\theta_{48}B^{48}-\theta_{72}B^{72}-\theta_{96}B^{96}\right)$$
$$\times\left(1-\theta_{144}B^{144}\right)$$
$$\times\left(1-\theta_{168}B^{168}-\theta_{336}B^{336}-\theta_{504}B^{504}\right)\varepsilon_t$$

8.2.1 ARIMA 算法

ARIMA 算法的步骤如下所示：

1）在某些假设下设定模型的形式。

2）为观测数据确定一个模型。

3）估计模型的参数。

4）如果模型的假设被验证，则继续执行此步骤；否则，转到步骤 1 来改进模型。现在，该模型已经可以用于预测了。

8.2.2 预测未来价格

预测未来价格是预测未来的一个子问题，这只是此问题难度的一个标志。在该领域中，另一个类似的问题是估计未来市场需求。

股票市场是预测未来价格的一个很好的例子，这里价格随时间变化。预测未来价格有助于估计未来的股本回报率，也有助于金融投资者决定时机，比如何时买进，何时卖出。

价格曲线图显示了波动。许多因素可以影响这个值，甚至是人类的心理。

这种预测的关键问题是巨大的数据量。作为一个直接结果，用于这个主题的算法需要是高效的。另一个关键问题是价格可能在短时间内发生戏剧性的变化。此外，市场的复杂性绝对是一个大难题。

用于未来价格预测的数据实例包括定量属性，如技术因素，它们还包括宏观经济、微观经济、政治事件以及投资者的预期。而且，它们还包括领域专家的知识。

所有的解决方案都是基于对来自预选择因素的分散信息的聚合。

价格受到时间的明显影响，并且它也是一个时间序列变量。为了预测未来值，需要应用时间序列分析算法。ARIMA 可以用来预测第二天的价格。

一种经典的解决方案是在非常早的阶段确定市场的趋势。另一种解决方案是模糊解决方案，由于数据集容量巨大且影响价格的因素范围很广，所以该方案也是一种不错的选择。

8.3 股票市场数据和时间序列聚类与分类

已经证明时间序列聚类可以为进一步的研究提供有效的信息。与经典聚类相比，时间序列数据集由随时间而改变的数据构成。

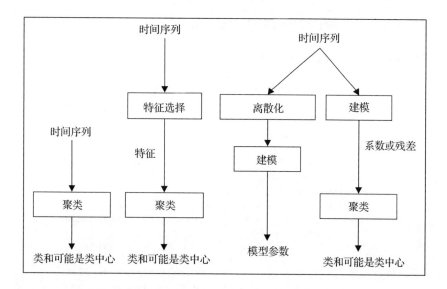

8.3.1　hError 算法

该算法表示为"**误差存在时的季节性模式聚类**"（clustering seasonality patterns in the presence of errors，算法的如下所示。该算法的主要特征是提出了一个具体的距离函数和一个变异性函数。

Algorithm $hError(A, G)$
Input: $A_i = \{(x_{i1}, \sigma_{i1}), (x_{i2}, \sigma_{i2}), ..., (x_{iT}, \sigma_{iT})\}, i = 1, 2, ... n$
　　　　G = number of clusters.
Output: $Cluster(i), i = 1, 2, ..., G.$
Start
　for $i = 1$ to n
　　$Cluster(i) = \{i\}$
　　$seas(i) = A_i$
　end
　$NumClust = n$
　while $NumClust > G$
　　for $1 \leq i < j \leq NumClust$
　　　calculate $d_{ij} = dist(seas(i), seas(j))$ using
　　　　　　equation (9)
　　end
　　$(I, J) = \arg\min_{1 \leq i < j \leq NumClust} d_{ij}$
　　$Cluster(I) = Cluster(I) \cup Cluster(J)$
　　$seas(I) = merge(seas(I), seas(J))$ using
　　　　　equations (10) and (11)
　　$Cluster(J) = Cluster(NumClust)$
　　$seas(J) = seas(NumClust)$
　　$NumClust = NumClust - 1$
　end
　return $Cluster(i), i = 1, 2, ..., G$
end

8.3.2　基于 1NN 分类器的时间序列分类

1NN 分类器算法的伪代码如下所示：

Time Series Classification with 1NN Classifier

Input: Labelled time series data set $\mathbb{T}$, similarity measure operator *SimDist*, number of crosses k
Output: Average 1NN classification error ratio and standard deviation
1: Randomly divide $\mathbb{T}$ into k stratified subsets $\mathbb{T}_1, \ldots, \mathbb{T}_k$
2: Initialize an array *ratios*$[k]$
3: **for** Each subset $\mathbb{T}_i$ of $\mathbb{T}$ **do**
4: 　**if** *SimDist* requires parameter tuning **then**
5: 　　Randomly split $\mathbb{T}_i$ into two equal size stratified subsets $\mathbb{T}_{i1}$ and $\mathbb{T}_{i2}$
6: 　　Use $\mathbb{T}_{i1}$ for parameter tuning, by performing a leave-one-out classification with 1NN classifier
7: 　　Set the parameters to values that yields the minimum error ratio from the leave-one-out tuning process
8: 　Use $\mathbb{T}_i$ as the training set, $\mathbb{T} - \mathbb{T}_i$ as the testing set
9: 　*ratio*$[i]$ ← the classification error ratio with 1NN classifier
10: **return** Average and standard deviation of *ratios*$[k]$

8.3.3　R 语言实现

对于上述提到的算法，请参见 R 代码包中的 R 代码文件 `ch_08_herror.R`。该代码可以通过下面的命令进行测试：

```
> source("ch_08_herror.R")
```

8.3.4　股票市场数据

股票市场是一个复杂的动态系统，许多因素都会影响市场。例如，突发的财经新闻对于股票市场也是一个关键因素。

股票市场数据的特征是容量大（近无穷大）、实时、高维且高复杂性。来自股票市场的各种数据流都与许多事件和关系相关联。

股票市场情感分析是与该领域相关的一个主题。股票市场太复杂，包含许多可以影响市场的因素。人们的见解或者情感就是主要因素之一。

从股市获取实时信息需要快速、高效的在线挖掘算法。时间序列数据可解释多种数据，包括随时间更新的股票市场数据。

为了预测股市，过去数据是非常重要的。使用某只股票的过去收益，基于价格数据流可以预测该股票的未来价格。

8.4 网络点击流和挖掘符号序列

网络点击流数据量大且不断涌现，并具有被掩埋的趋势，为了各种应用，比如推荐，它们需要被重新发现。TECNO-STREAMS（Tracking Evolving Clusters in NOisy Streams）是一遍扫描（one-pass）算法。

8.4.1 TECNO-STREAMS 算法

基于下式对该算法建模：1）鲁棒的权重函数或者激活函数；2）影响区；3）纯模拟；4）最优尺度更新；5）纯模拟的增量更新；6）最佳更新；7）模拟值与尺度值；8）最终的 D-W-B-cell 更新方程。

$$w_{ij} = w_i\left(d_{ij}^2\right) = \mathrm{e} - \left(\frac{d_{ij}^2}{2\sigma_{i,j}^2} + \frac{(J-j)}{\tau}\right)$$

$$IZ_i = \left\{x_j \in x_a \mid w_{ij} \geqslant w_{\min}\right\}$$

$$S_{ai,J} = \frac{\sum_{j=1}^{J} w_{ij}}{\sigma_{i,J}^2}$$

$$\sigma_{i,J}^2 = \frac{\sum_{j=1}^{J} w_{ij} d_{ij}^2}{2\sum_{j=1}^{J} w_{ij}}$$

$$S_{ai,J} = \frac{\mathrm{e}^{-\frac{1}{\tau}} W_{i,J-1} + w_{iJ}}{\sigma_{i,J}^2}$$

$$\sigma_{i,J}^2 = \frac{\mathrm{e}^{-\frac{1}{\tau}}\sigma_{i,J}^2 W_{i,J-1} + w_{iJ} d_{i,J}^2}{2\left(\mathrm{e}^{-\frac{1}{\tau}} W_{i,J-1} + w_{iJ}\right)}$$

$$S_i = S_{ai,J} + \alpha(t)\frac{\sum_{l=1}^{N_B^i} w_{il}}{\sigma_{i,J}^2} - \beta(t)\frac{\sum_{l=1}^{N_B^i} w_{il}}{\sigma_{i,J}^2}$$

$$\sigma_{i,J}^2 = \frac{1}{2}\frac{D_{i,J}^2 + \alpha(t)\sum_{l=1}^{N_B^i} w_{il} d_l^2 - \beta(t)\sum_{l=1}^{N_B^i} w_{il} d_l^2}{W_{i,J} + \alpha(t)\sum_{l=1}^{N_B^i} w_{il} - \beta(t)\sum_{l=1}^{N_B^i} w_{il}}$$

运用在学习阶段的相似性测量方法定义如下：

$$S_{\cos ij} = \frac{\sum_{k=1}^{n} x_{ik} p_{jk}}{\sqrt{\sum_{k=1}^{n} x_{ik} \sum_{k=1}^{n} x_{ik} p_{jk}}}$$

$$S_{\cos ij} = \sqrt{\mathrm{Prec}_{ij}^{L} \mathrm{Covg}_{ij}^{L}}$$

$$\mathrm{Prec}_{ij}^{L} = \frac{\sum_{k=1}^{n} x_{ik} p_{jk}}{\sum_{k=1}^{n} p_{jk}}$$

$$\mathrm{Covg}_{ij}^{L} = \frac{\sum_{k=1}^{n} x_{ik} p_{jk}}{\sum_{k=1}^{n} x_{jk}}$$

$$S_{\min ij} = \min \left\{ \mathrm{Prec}_{ij}^{L}, \mathrm{Covg}_{ij}^{L} \right\}$$

应用在验证阶段的相似性测量方法定义如下：

$$\mathrm{Prec}_{ij}^{v} = \frac{\sum_{k=1}^{n} pL_{ik} pGT_{jk}}{\sum_{k=1}^{n} pL_{jk}}$$

$$\mathrm{Covg}_{ij}^{v} = \frac{\sum_{k=1}^{n} pL_{ik} pGT_{jk}}{\sum_{k=1}^{n} pGT_{jk}}$$

TECNO-STREAMS 算法的伪代码如下所示：

TECNO-STREAMS 算法：
（[] 内是可选步骤）

Fix the maximal population size, N_{Bmax};
Initialize D-W-B-cell population and $\sigma_i^2 = \sigma_{init}$ using the first N_{Bmax} input data points;
Compress immune network into K subnets using 2 iterations of K Means;
Repeat for each incoming input data point $\mathbf{x}_j$ {
  Present input data point to each subnet centroid, $\mathbf{C}_k, k = 1, \cdots, K$ in network : Compute distance, activation weight, w_{kj} and update σ_k^2 incrementally using (6);
  Determine the most activated subnet (the one with maximum w_{kj});
  IF All B-cells in most activated subnet have $w_{ij} < w_{min}$ (input data point does not sufficiently activate subnet) THEN{
    Create by duplication a new D-W-B-cell = $\mathbf{x}_j$ and $\sigma_i^2 = \sigma_{init}$;
  }
  ELSE {
  Repeat for each D-W-B-cell$_i$ in most activated subnet {
  IF $w_{ij} > w_{min}$ (input data point activates D-W-B-cell$_i$) THEN
  Refresh age (t = 0) for D-W-B-cell$_i$;
  ELSE

```
        Increment age (t) for D-W-B-cell_i ;
        Compute distance from input data point x_j to D-W-B-cell_i ;
        Compute D-W-B-cell_i 's stimulation level using (7);
        Update D-W-B-cell_i 's σ_i^2 using (8);
      }
    }
  Clone and mutate D-W-B-cells;
  IF population size > N_{B max} Then {
    IF (Age of B-cell < t_{min}) THEN
      Temporarily scale D-W-B-cell's stimulation level to the network average
  stimulation;
      Sort D-W-B-cells in ascending order of their stimulation level;
      Kill worst excess (top (N_B − N_{B max}) according to previous sorting)
  D-W-B-cells;
      [or move oldest/mature D-W-B-Cells to secondary (long term) storage];
    }
    Compress immune network periodically (after every T input data points),
  into K subnets using 2 iterations of K Means with the previous centroids as
  initial centroids;
  }
```

8.4.2　R 语言实现

对于上述提到的算法，请参见 R 代码包中的 R 代码文件 `ch_08_tecno_stream.R`。该代码可以通过下面的命令进行测试：

```
> source("ch_08_tecno_stream.R")
```

8.4.3　网络点击流

网络点击流表示当用户访问网站时用户的行为，尤其是电子商务网站和**客户关系管理**（Customer Relation Management，CRM）网站。网络点击流分析将改善客户的用户体验，并优化网站的结构来满足客户的期望，最终增加网站的收入。

在其他方面，网络点击流挖掘可以用来检测 DoS 攻击，追踪攻击者，提前预防它们出现在网络上。

网络点击流的数据集显然是当用户访问各种网站时所生成的点击记录。该数据集的主要特征就是容量巨大，且规模持续增长。

8.5　挖掘事务数据库中的序列模式

挖掘序列模式可以认为是关于时间数据或者序列数据集的关联发现。同样，根据序列数据的情形应该扩展或修改经典的模式挖掘算法（pattern-mining algorithm）。

8.5.1 PrefixSpan 算法

PrefixSpan 算法是一种频繁序列挖掘算法。其伪代码如下所示：

```
Algorithm PREFIXSPAN
PREFIXSPAN (D_r, r, minsup, F): D_r ← D, r ← ∅, F ← ∅
foreach s ∈ Σ such that sup(s, D_r) ≥ minsup do
    r_s = r + s // extend r by symbol s
    F ← F ∪ {(r_s, sup(s, D_r))}
    D_s ← ∅ // create projected data for symbol s
    foreach s_i ∈ D_r do
        s'_i ← projection of s_i w.r.t symbol s
        Remove any infrequent symbols from s'_i
        Add s'_i to D_s
    if D_s ≠ ∅ then PREFIXSPAN (D_s, r_s, minsup, F)
```

8.5.2 R 语言实现

对于上述提到的算法，请参见 R 代码包中的 R 代码文件 ch_08_prefix_span.R。该代码可以通过下面的命令进行测试：

```
> source("ch_08_prefix_span.R")
```

8.6 练习

下面的练习用来检查你对所学知识的理解：

❑ 什么是流？

❑ 什么是时间序列？

❑ 什么是序列？

8.7 总结

在本章中，我们讨论了流数据挖掘、时间序列分析、符号序列挖掘以及序列模式挖掘。在下一章中，我们将讨论与图挖掘、算法相关的主要主题以及与它们相关的一些例子。

第 9 章 *Chapter 9*

图挖掘与网络分析

在本章中，你将学习用 R 语言编写算法进行图挖掘和网络分析。

在本章中，我们将讨论以下主题：

❑ 图挖掘

❑ 频繁子图模式挖掘

❑ 社交网络挖掘

❑ 社会影响力挖掘

9.1 图挖掘

分组、短信、约会及许多其他方式是社会交往或者社交网络中经典社交行为的主要形式。所有这些概念都用图来建模，即节点、边和其他属性。图挖掘用来挖掘此类信息，类似于其他类型的信息，比如生物信息等。

9.1.1 图

图 G 包含节点 V 和边 E，图可用方程 $G=(V, E)$ 表示。按照图挖掘，还有一些概念需要明确。有两种类型的图：有向图，其边集 E 中成对的顶点是有序的；无向图。

9.1.2 图挖掘算法

尽管在研究中，数据实例与本书中我们之前看到的其他数据类型有很大不同，但是图挖掘算法依然包含了频繁模式（子图）挖掘、分类和聚类。

在下一节中，我们将介绍频繁子图模式挖掘算法、链接挖掘以及聚类。

9.2 频繁子图模式挖掘

子图模式或者图模式是数据挖掘的一个重要应用。它可用于生物信息学和社交网络分析等。频繁子图模式是指频繁出现在一组图或者一幅大图中的模式。

9.2.1 gPLS 算法

gPLS

Input: Training examples $(G_1, y_1), (G_2, y_2), ..., (G_n, y_n)$
Output: Weight vectors $w_i, i = 1, ..., m$
1: $r_1 = y, X = \varnothing$;
2: **for** $i = 1, ..., m$ **do**
3: $\quad P_i = \{p || \sum_{j=1}^{n} r_{ij} x_{jp}| \geq \epsilon\}$;
4: $\quad X_{P_i}$: design matrix restricted to P_i;
5: $\quad X \leftarrow X \cup X_{P_i}$;
6: $\quad v_i = X^T r_i / \eta$;
7: $\quad w_i = v_i - \sum_{j=1}^{i-1}(w_j^T X^T X v_i) w_j$;
8: $\quad t_i = X w_i$;
9: $\quad r_{i+1} = r_i - (y^T t_i) t_i$;

9.2.2 GraphSig 算法

GraphSig(D, min_sup, $maxPvalue$)

Input: Graph dataset D, support threshold min_sup, p-value threshold $maxPvalue$
Output: The set of all significant sub-feature vectors A

$D' \leftarrow \varnothing$;
$A \leftarrow \varnothing$;
for each $g \in D$ **do**
$\quad D' \leftarrow D' + RWR(g)$;
for each node label a in D **do**
$\quad D'_a \leftarrow \{v | v \in D', label(v) = a\}$;
$\quad S \leftarrow FVMine(floor(D'_a), D'_a, 1)$;
$\quad$ **for** each vector $v \in S$ **do**
$\quad\quad V \leftarrow \{u | u$ is a node with label $a, v \subseteq vector(u)\}$;
$\quad\quad E \leftarrow \varnothing$;
$\quad\quad$ **for** each node $u \in V$ **do**
$\quad\quad\quad E \leftarrow E + CutGraph(u, radius)$;
$\quad\quad A \leftarrow A + Maximal\_FSM(E, freq)$;

9.2.3　gSpan 算法

gSpan 算法伪代码如下所示：

Algorithm GSPAN

```
// Initial Call:  C ← ∅
GSPAN (C, D, minsup):
E ← RIGHTMOSTPATH-EXTENSIONS(C, D)
foreach (t, sup(t)) ∈ E do
    C' ← C ∪ t // extend the code with extended edge tuple t
    sup(C') ← sup(t) // record the support of new extension

    if sup(C') ≥ minsup and ISCANONICAL (C') then
        GSPAN (C', D, minsup)
```

9.2.4　最右路径扩展和它们的支持

RIGHTMOSTPATH-EXTENSIONS (C, $\mathbf{D}$):
$R \leftarrow$ nodes on the rightmost path in C
$u_r \leftarrow$ rightmost child in C
$E \leftarrow \emptyset$
foreach $G_i \in \mathbf{D}$, $i = 1, \cdots, n$ **do**
 if $C = \emptyset$ **then**

  foreach $\langle L(x), L(y), L(x,y) \rangle \in G_i$ **do**
   $f = \langle 0, 1, L(x), L(y), L(x,y) \rangle$
   Add tuple f to E along with graph id i

 else
  $\Phi_i = $ SUBGRAPHISOMORPHISMS(C, G_i)
  foreach *isomorphism* $\phi \in \Phi_i$ **do**

   foreach $x \in N_{G_i}(\phi(u_r))$ *such that* $\exists v \leftarrow \phi^{-1}(x)$ **do**
    if $v \in R$ *and* $(u_r, v) \notin G(C)$ **then**
     $b = \langle u_r, v, L(u_r), L(v), L(u_r, v) \rangle$
     Add tuple b to E along with graph id i

   foreach $u \in R$ **do**
    foreach $x \in N_{G_i}(\phi(u))$ *and* $\nexists \phi^{-1}(x)$ **do**
     $f = \langle u, u_r + 1, L(\phi(u)), L(x), L(\phi(u), x) \rangle$
     Add tuple f to E along with graph id i
foreach *extension* $s \in E$ **do**
 $sup(s) = $ number of distinct graph ids that support tuple s
return *set of pairs* $\langle s, sup(s) \rangle$ *for extensions* $s \in E$, *in tuple sorted order*

9.2.5　子图同构枚举算法

Enumerate subgraph isomorphisms

SubgraphIsomorphisms $(C = \{t_1, t_2, \cdots, t_k\}, G)$:

$\Phi \leftarrow \{\phi(0) \rightarrow x \mid x \in G \text{ and } L(x) = L(0)\}$

foreach $t_i \in C,\ i = 1, \cdots, k$ **do**

　$\langle u, v, L(u), L(v), L(u,v) \rangle \leftarrow t_i$

　$\Phi' \leftarrow \emptyset$

　foreach *partial isomorphism* $\phi \in \Phi$ **do**

　　if $v > u$ **then**

　　　foreach $x \in N_G(\phi(u))$ **do**

　　　　if $\nexists \phi^{-1}(x)$ *and* $L(x) = L(v)$ *and* $L(\phi(u), x) = L(u,v)$ **then**

　　　　　$\phi' \leftarrow \phi \cup \{\phi(v) \rightarrow x\}$

　　　　　Add ϕ' to Φ

　　else

　　　if $\phi(v) \in N_{G_j}(\phi(u))$ **then**　Add ϕ to Φ'

　$\Phi \leftarrow \Phi'$

return Φ

9.2.6　典型的检测算法

IsCanonical (C):

$\mathbf{D}_C \leftarrow \{G(C)\}$

$C^* \leftarrow \emptyset$ // initialize canonical DFScode

for $i = 1 \cdots k$ **do**

　$\mathcal{E} = \text{RightMostPath-Extensions}(C^*, \mathbf{D}_C)$

　$(s_i, sup(s_i)) \leftarrow \min\{\mathcal{E}\}$

　if $s_i < t_i$ **then**

　　return *false* // C^* is smaller, thus C is not canonical

　$C^* \leftarrow C^* \cup s_i$

return *true*

9.2.7　R 语言实现

对于上述提到的算法，请参见 R 代码包中的 R 代码文件 ch_09_gspan.R。该代码可以通过下面的命令进行测试：

```
> source("ch_09_gspan.R")
```

9.3　社交网络挖掘

根据最经典的定义，社交网络是基于人类的交互。社交网络中收集的数据实例具有

与图类似和时间的特征。社交网络，有两个主要策略可用于数据挖掘：一个是基于连接
（linkage-based）或者基于结构的，另一个是基于内容的。社交网络中收集的数据实例也有
两种类型：静态数据和动态或者时间序列数据，比如 Twitter 上的留言。根据图的数据实
例的特性，开发了很多多用途的算法来解决这些挑战。

9.3.1 社区检测和 Shingling 算法

Algorithm DenseSubgraph $\langle v, \Gamma(v) \rangle$

 Choose c_1, s_1, c_2, s_2
 Shingle2$(\langle v, \Gamma(v) \rangle, c_1, s_1, c_2, s_2)$
 Let $S = \langle s, \Gamma(s) \rangle$ be first-level shingles
 Let $\langle t, \Gamma(t) \rangle$ be second-level shingles
 $\mathcal{C} = \mathbf{CC}(\langle t, \Gamma(t) \rangle)$
 For $C \in \mathcal{C}$ do
  Output $\cup_{s \in C} \Gamma(s)$ as a dense subgraph

Algorithm CC $(t_1, \Gamma(t_1), \ldots, t_m, \Gamma(t_m))$

 Let $V_S = \cup_{i=1}^m \Gamma(t_i)$
 Let $\mathcal{C} = \{\{s\} \mid s \in V_S\}$
 For $i = 1$ to m do
  Merge the sets $\{ \text{Find}(s) \mid s \in \Gamma(t_i)\}$ in $\mathcal{C}$
 For $C \in \mathcal{C}$
  Output cluster $\{s \mid s \in C\}$

Algorithm Shingle2$(v_1, \ldots, v_n, s_1, c_1, s_2, c_2)$

 For $i = 1$ to n do
  $S_1(v_i) = \mathbf{Shingle}(\Gamma(v_i), c_1, s_1)$
 Let $S = \cup_{i=1}^n S_1(v_i)$
 For $s \in S$ do
  Let $\Gamma(s) = \{v \mid S_1(v) \ni s\}$
  $S_2(s) = \mathbf{Shingle}(\Gamma(s), c_2, s_2)$
 Let $T = \cup_{s \in S} S_2(s)$
 For $t \in T$ do
  Let $\Gamma(t) = \{s \in S \mid S_2(s) \ni t\}$
  Output $\langle t, \Gamma(t) \rangle$

Algorithm Shingle$(a_1, \ldots, a_n, s, c)$

 Let H be a hash function from strings to integers
 Let p be a large random prime (say, 32 bits)
 Let $a_1, b_1, \ldots, a_c, b_c$ be random integers in $[1 \ldots p]$
 For $i = 1$ to n do $x_i = H(``a_i")$
 For $j = 1$ to c do
  For $i = 1$ to n do $y_i = (a_j * x_i + b_j) \bmod p$
  Let $y_1', \ldots, y_s'$ be s minimal elements of y
  Let $z_j = H(``y_1' \circ \cdots \circ y_s'")$
 Output $z_1, \ldots, z_c$

9.3.2 节点分类和迭代分类算法

$$
\begin{array}{l}
\underline{\text{ICA}(V, E, W, Y_l)} \\
\text{Compute } \Phi^1 \text{ from } V, E, W, Y_l \\
\text{Train classifier using } \Phi_l \\
\textbf{for } t \leftarrow 1 \textbf{ to } \tau \textbf{ do} \\
\quad \text{Apply classifier to } \Phi_u^t \text{ to compute } Y_u^t \\
\quad \text{Update } \Phi_u^t \\
\tilde{Y} \leftarrow Y^\tau \\
\textbf{return } \tilde{Y}
\end{array}
$$

减少迭代次数的二阶算法如下所示：

$$
\begin{array}{l}
\underline{\text{MAP}(\text{Key } v_i, \text{Value } y_i^{t-1})} \\
\textbf{Data: } P \\
\textbf{foreach } v_j \in V | (i,j) \in E \textbf{ do} \\
\quad \text{Emit}(v_j, (y_i^{t-1}, p_{ij}))
\end{array}
$$

9.3.3 R 语言实现

对于上述提到的算法，请参见 R 代码包中的 R 代码文件 ch_09_shingling.R。该代码可以通过下面的命令进行测试：

```
> source("ch_09_shingling.R")
```

9.4 练习

下面的练习用来检查你对所学知识的理解：

❑ 什么是图？

❑ 使用什么图机会？

❑ 什么是网页排名算法（PageRank algorithm），它在网络搜索中的应用是什么？

9.5 总结

在本章中，我们研究了以下主题：

❑ 图挖掘。我们也学习了可以分为频繁模式挖掘、分类和聚类的图数据的特征。

❑ 挖掘频繁子图模式是为了从一组图或者一个大图中找到频繁模式。

❑ 社交网络分析包括了具有宽泛定义的广泛的网络应用，比如 Facebook、LinkedIn、Google+ 和 StackOverflow 等。

在下一章中，我们将主要研究与网络挖掘和算法相关的主题，并基于它们讨论一些实例。

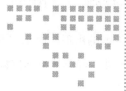

第 10 章 Chapter 10

文本与网络数据挖掘

在本章中，你将学习用 R 语言编写算法进行文本挖掘与网络数据挖掘。

对于文本挖掘，半结构化和非结构化文档是主要的数据集。文本挖掘有几个主要的类型，比如聚类、文档检索与表示，以及异常检测。文本挖掘的应用包括，但不局限于，话题追踪、文本总结与分类。

网络内容、结构和使用挖掘是网络挖掘的一个应用。网络挖掘也可以用于用户行为建模、个性化观点和内容注释等。从另一个方面讲，网络挖掘集成了来自传统挖掘技术和来自 WWW 的信息。

在本章中，我们将讨论以下主题：

❑ 文本挖掘与 TM 包

❑ 文本总结

❑ 问答系统

❑ 网页分类

❑ 报刊文章和新闻主题分类

❑ 使用网络日志的网络应用法挖掘

10.1　文本挖掘与 TM 包

随着文本挖掘的出现，由于文本或者文档的特性，所以传统的数据挖掘算法需要一些小的调整或者扩展。经典的文本挖掘过程如下图所示。

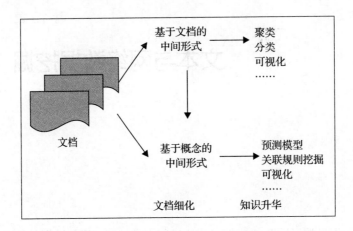

流行的文本聚类算法包括基于距离的聚类算法、层次聚类算法和基于划分的聚类算法等。流行的文本分类算法包括决策树、基于模式的分类、支持向量机分类和贝叶斯分类等。作为流行的预处理步骤，这里提供了词提取算法的细节。

10.2　文本总结

文本总结的目标是生成一个简洁且一致的结论或者输入的主要信息的总结。大多数的总结系统执行如下 3 个主要步骤：

1）第一步，构建一个包含输入文本关键点的主要部分的临时结构。

2）第二步，结合第一步的输出对输入的句子评分。

3）第三步，用几句话的总结来代表输入文档。

一种流行策略是去除不重要的信息、子句或者句子，同时，建立分类器以确保关键信息没有被去除，从另一个角度看，就是在归纳过程中，相对重要的主题信息在此发挥作用。最后结果以连贯的方式表示。

归纳（总结）是一个动态的不间断过程。第一步，我们需要对一套旧文档的数据集构建总结，即多个文档的总结。当我们获得第一步的结果时，第二步是归纳新文件的总结。

由于对总结建立一个新的句子有困难，所以一种解决方案是提取总结，也就是从文档数据集或者文档中提取最相关的句子。随着文档规模的增加，主题的时间演变也是一个重要的问题，为此提出了统计主题建模，比如基于时间序列的算法。

对于中间表示，有两种流行的解决方案：主题表示和指示符表示。句子得分（即每个句子的得分）是由多个重要的因素，比如字符的组合来决定的。总结句子选择是由最重要的 N 个句子决定的。

描述最终的总结有很多好的特性：它是指示或信息、提取或抽象、通用或面向查询、包含背景或只是新闻、是单一语言或跨语言的，包含单个文档或多个文档。

文本总结的好处是提高文档处理的效率，在此期间，某个文档的总结可以帮助读者决定是否为了特定的目标来分析该文档。一个例子就是对多语言的、大型的（接近无限）、来自不同来源的动态文档数据集（包括网络的文件）进行归纳（总结）。例子还包括对医疗文章、电子邮件、网络以及演讲稿等的（总结）归纳。

10.2.1　主题表示

主题表示，比如主题签名，在文档总结系统中起着重要作用。提供了各种主题表示，如主题签名、增强主题签名和专题签名等。

主题签名定义为一组相关术语，主题是目标概念，签名是具有具体权重的与主题相关的术语列表。每个术语都可以是具有词根内容的单词、二元语法或者三元语法：

$$TS=\{topic, signature\}=\{topic, <(t_1, w_1),...,(t_n, w_n)>\}$$

主题术语的选择过程如下所示。输入文档集划分成两个集合：与主题相关的文本和与主题不相关的文本。定义两个假设：

$$假设 1, (H_1), P(R|T_i)=p=p(R|\tilde{t}_i)$$

$$假设 2, (H_2), P(R|T_i)=p_1 \neq p_2=p(R|\tilde{t}_i)$$

第一个假设表示一个文档的相关性与术语是独立的，而第二个假设表示那些术语出现的强相关性，给定 $p_1 \gg p_2$ 和 2×2 列联表：

	R	$\tilde{R}$
t_1	O_{11}	O_{12}
t_2	O_{21}	O_{22}

O_{11} 代表术语 t_1 在 R 中发生的频率，O_{12} 代表术语 t_1 在 $\tilde{R}$ 中发生的频率，O_{21} 代表术语 $\tilde{t_l} \neq t_i$ 在 R 中发生的频率，O_{22} 代表术语 $\tilde{t_l} \neq t_i$ 在 $\tilde{R}$ 中发生的频率。

两种假设的似然计算如下，其中 b 表示二项分布：

$$L(H_1) = b\,(O_{11};\, O_{11} + O_{12},\, p) \times b\,(O_{21};\, O_{21} + O_{22},\, p)$$

$$L(H_2) = b\,(O_{11};\, O_{11} + O_{12},\, p_1) \times b\,(O_{21};\, O_{21} + O_{22},\, p_2)$$

$$-2 \log \lambda = \frac{L(H_1)}{L(H_2)}$$

给定一个主题，创建主题签名的算法如下所示：

1）根据给定的主题，将文档分类为相关或不相关。

2）对文档集合中的每个术语使用上式计算 $-2\log\lambda$。

3）根据术语的 $-2\log\lambda$ 值，对它们进行排序。

4）根据 χ^2 分布表选择一个置信水平，确定截止相关权重和签名中包含的术语数目。

10.2.2　多文档总结算法

这里是用于多文档总结的**基于图的子主题划分算法**（Graph-Based Sub-topic Partition Algorithm，GSPSummary）：

Input: A document collection D about the topic T
Output: An array of summary sentences S
1 **repeat**
2 InitGraphMatrix(&M,D);
3 *ArrayRS*;
4 $i = GSPRankMethod(M, DistThre, \zeta, RS)$;
5 *ArrayNeighbours = NeighbourSearch(i, M, NeighbourThre)*;
6 $iLen = LengthOfSentence(i)$;
7 **if** $((iLen + iSummaryLen) > SelectThre)$ **then**
8 | *break*;
9 **end**
10 *InsertIntoSelectedArray(S, i)*;
11 $iSummaryLen+= iLen$;
12 *UpdateRemainGraph(RS)*;
13 **until** $(RS.size() >= MINGRAPHSIZE)$;

基于图的子主题划分算法的排序方法（GSPRankMethod）定义如下：

Input: An array S of n sentences, distance threshold ϵ, a size N feed matrix J

```
   Output: The ID of the salient sentence of S
 1  Array DistMatrix[n][n];
 2  Array Degree[n];
 3  maxDist = −INFINITE;
 4  for i ← 0 to n do
 5  │   for j ← 0 to n do
 6  │   │   DistMatrix[i][j]=dist(S[i],S[j]);
 7  │   │   if DistMatrix[i][j] < ϵ then  DistMatrix[i][j]=1;
 8  │   │   Degree[i]++;
 9  │   │   else DistMatrix[i][j]=0;
10  │   end
11  end
12  Normalization of matrix DistMatrix[i][j];
13  L = PowerMethod(DistMatrix);
14  R = J · L;
15  return the ID with maximal score from R;
```

10.2.3　最大边缘相关算法

最大边缘相关（Maximal Marginal Relevance，MMR）在每次句子选择迭代中选择最重要的句子，比较适合基于查询和多文档总结。每一个选择的句子与已选择的句子集具有最小相关性。

$$\text{MMR} \overset{\text{def}}{=} \underset{D_i \in R\backslash S}{\text{Arg max}} \left[\lambda(\text{Sim}_1(D_i,Q) - (1-\lambda)\underset{D_j \in S}{\max} \text{Sim}_2(D_i,D_j)) \right]$$

MMR 的总结算法如下所示：

MMR

Input: candidate set S and result set size k
Output: result set $R \subseteq S$, $|R| = k$
1: $R \leftarrow \emptyset$
2: $s_s \leftarrow \text{argmax}_{s_i \in S}(mmr(s_i))$
3: $S \leftarrow S \setminus s_s$
4: $R \leftarrow s_s$
5: while $|R| < k$ do
6: 　$s_s \leftarrow \text{argmax}_{s_i \in S}(mmr(s_i))$
7: 　$S \leftarrow S \setminus s_s$
8: 　$R \leftarrow R \cup s_s$

10.2.4　R 语言实现

对于上述算法，请参见 R 代码包中的 R 代码文件 ch_10_mmr.R。该代码可以通过下面的命令进行测试：

```
> source("ch_10_mmr.R")
```

10.3   问答系统

问答（Question Answering，QA）系统是一个与信息检索（IR）、信息提取（IE）、自然语言处理（NLP）和数据挖掘等相关的热门话题。问答系统对大量文本集进行挖掘来寻找用一定精度回答用户问题的短语或者句子。如果来源是网络，或者更进一步，整个信息世界，那么问答系统的挑战会显著增加。

基本上存在 3 种类型的问答系统：槽填充（slot filling）：查询和应答的形式是类似的；有限域（limited domain）：词典和本体的领域是有限的；开放域（open domain）：领域没有限定。

各种解决方案中的一个概念架构如下图所示。问答系统的输入是自然语言问题，系统的输出，即对输入问题的回答，也用自然语言提供。该系统由 3 个主要部分构成：用户界面；对问题的处理以及答案的生成部分。

假设问题是一个连贯的句子，处理来自用户界面的问题，在问题术语确定后生成最后的正确查询，比如词分割以及关键词提取和扩展。这里，本体库用来支持查询扩展。

根据前面步骤提供的查询，从 FAQ 库中选择或生成答案。

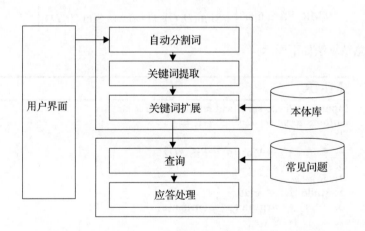

一个流行的问答系统是雅虎知识堂（Yahoo! Answers），这里每天都有大量问题被询问和回答。

10.4   网页分类

分类可以用于大型文章语料库和网页。一个流派可以用目的和实物形式来定义，它表示被广泛接受的文本分类，这些文本分类是根据共同的交际目的或者其他功能特征来定义的，并且这些分类是可以扩展的。网页流派还可以基于小平面（facets）、语言的复杂性、主体以及图数来定义。流派分类有许多应用，比如提高搜索效率和满足用户的信息需求。

对于 WWW 和网页，流派可以定义为挖掘者的可用性和相对于效率的可行性。

网页流派分类有一些重大挑战。第一个是网页本身的不稳定性；第二个是网页的复杂性和不可预知性；第三个是对于特定的网页如何判断它的流派。还有更多的挑战，但它们没有在这里列出，或许它们会出现在将来的应用中。对于某些网页，它们可能有多种流派，或者对于现有公认的流派库它们没有流派。

由于网络快节奏的演变，新流派不断地引入当前的流派类别中，同时当前的流派类别也不断更新与升级。

可能的解决方案包括，但不局限于，朴素贝叶斯、k 近邻、支持向量机和作为分类方法的树节点等。

10.5　对报刊文章和新闻主题分类

文章和新闻代表不同时期不同的知识来源。文本分类是将所有这些文档存储到一个特定语料库的预处理步骤，是文本处理的基础。

现在，我们介绍一个基于 N-gram 的文本分类算法。在一个较长的字符串中，一个 N 字符（N-character）片段称为 N-gram。该算法的关键点是计算 N-gram 频率的曲线。

在介绍算法前，算法中所采用的一些概念如右图所示。

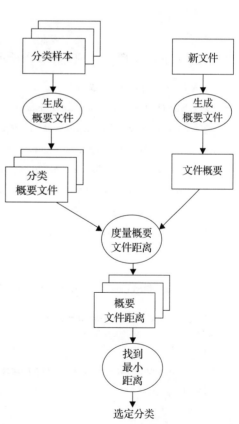

10.5.1　基于 N-gram 的文本分类算法

基于 N-gram 的文本分类算法的伪代码如下所示：

1: *NGramClassifier* (D, K, S) {

2:   *set the initial value as* $\frac{1}{d}$ *for the weight of each training tuple;*

3:   *for* $(j \leftarrow 1; j \leq k; j++)$ {

4:     *Create bootstrap sample,* D_j, *by sampling D with replacement*

5:     *Sample D with replacement according to the tuple weights to get* D_j;

6:     *Learning a model* M_j *with* D_j;

7:     *compute the error rate of* $M_j, i.e., error(D_j)$;

8:     *if(error$(M_j) > 0.5$)*{

9:       *go back to step 3 and try again;*

10:     }

11:     *for(each tuple in* D_j *that was correctly classified)*{

12:       *updates its weight value by multiplying with* $\frac{error(M_j)}{1-error(M_j)}$;

13:     }

14:     *normalize the weight of each tuple;*

15: }

16: }

基于 *N*-gram 的频率生成算法如下所示：

1: *NGramFreqGen*(D, K, S) {

2:   *Split the text into separate tokens consisting only letters and apostrophes.*

3:   *Scan down each token, generating all possible* $n - gram$, *for* $n = 1$ *to 5.*

4:   *Hash into a table to find the counter for the ngram, and increment it.*

5:   *When the process done, export all* $n - gram$ *and corresponding counts;*

6:   *Sorts the ocunts into reverse order by counts of occurences;*

7:     *if(error$(M_j) > 0.5$)*{

8:       *go back to step 3 and try again;*

9:     }

10:     *for(each tuple in* D_j *that was correctly classified)*{

11:       *updates its weight value by multiplying with* $\frac{error(M_j)}{1-error(M_j)}$;

12:     }

13:     *normalize the weight of each tuple;*

14: }

15: }

10.5.2　R 语言实现

对于上述算法，请参见 R 代码包中的 R 代码文件 ch_10_ngram_classifier.R。该代码可以通过下面的命令进行测试：

```
> source("ch_10_ngram_classifier.R")
```

10.6　使用网络日志的网络使用挖掘

网络使用挖掘表示网络日志（比如系统访问日志）和事务中的模式的发现与分析。输出是网络上的用户交互与资源之间的关系。用户行为可以基于这个输出来识别。网站日志记录网络用户与网络服务器、网络代理服务器和浏览器交互的踪迹。

流行的网络使用挖掘过程说明如下图所示，它包括 3 个主要步骤：数据收集与预处理；模式发现；模式分析。

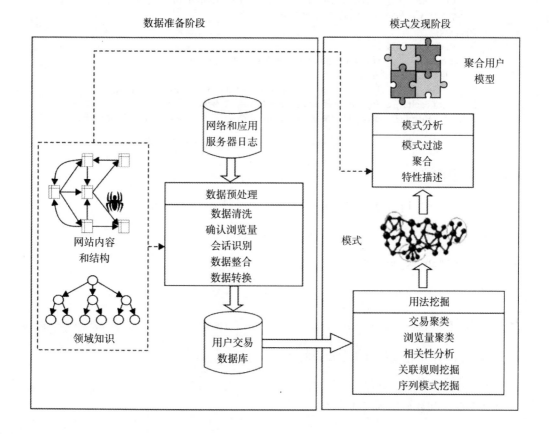

预处理包含数据清洗、会话识别和数据变换；模式发现包括路径分析、关联规则、序列模式以及聚类和分类规则。

10.6.1 基于形式概念分析的关联规则挖掘算法

基于形式概念分析（FCA）的关联规则挖掘算法的伪代码如下所示：

FCA-based Association Rule Mining

Input:
1. *WUL* – Web Usage Lattice, which is based on formal context $K = (G, M, I)$, G comprises all user access sessions in web logs, and the attribute set M includes all web pages. The relation I indicates which web pages are accessed by which access sessions.
2. $NL = \{N_1, N_2, ..., N_m\}$ – a set of concept nodes in *WUL*, where $N_i = \langle A_i, B_i, P_i \rangle$, $A_i \subseteq G$ is the extent of N_i, $B_i \subseteq M$ is the intent of N_i, $P_i = \{N_{i1}, N_{i2}, ..., N_{ip}\} \subseteq NL$ is the immediate parent nodes of N_i.
3. *MinSup* – minimum support threshold.
4. *MinConf* – minimum confidence threshold.

Output:
1. $ARS = \{AR_1, AR_2, ..., AR_n\}$ – a set of FCA-based association rules, where $AR_i = (X_i \Rightarrow Y_i,$ *Support*, *Confidence*), $X_i, Y_i \subset M$, and $X_i \cap Y_i = \varnothing$.

Process:
1. Initialize $ARS = \varnothing$.
2. For each $N_i \in NL$, if $P_i \neq \varnothing$ and $Sup = |A_i|/|G| \geq MinSup$, do
3.   If $|P_i| = 1$ and $B_{i1} \neq \varnothing$, do
4.   Insert $((B_i - B_{i1}) \Rightarrow B_{i1}, Sup, 100\%)$ into ARS as a FCA-based exact rule.
5.   For each $N_{ij} \in P_i$, if $B_{ij} \neq \varnothing$ and $Conf = |A_i|/|A_{ij}| \geq MinConf$, do
6.   Insert $(B_{ij} \Rightarrow (B_i - B_{ij}), Sup, Conf)$ into ARS as a FCA-based approximate rule.
7. Return ARS.

10.6.2 R 语言实现

对于上述算法，请参见 R 代码包中的 R 代码文件 `ch_10_fca.R`。该代码可以通过下面的命令进行测试：

```
> source("ch_10_fca.R")
```

10.7 练习

下面的练习用来检查你对所学知识的理解：

❑ 文本挖掘的特点是什么？

❑ 文本挖掘和数据挖掘之间的区别是什么？

❑ 网络挖掘和数据挖掘之间的区别是什么?

10.8 总结

在本章中,我们讨论了文本挖掘,它是从文档数据集中提取信息来发现全新的或者未知的信息。我们还讨论了文本总结如何给出需要研究的文档集的浓缩结果,也就是获取数据源、提取内容,并以对最终需求敏感的浓缩形式呈现关键内容。此外,我们讨论了流派分类如何从形式、风格,以及目标系统和受众来区分文件。我们主要涵盖了问答系统、主题检测和网络挖掘。

在本书中,许多有用的数据挖掘算法都是以 R 语言的形式进行说明的,这些算法已经存在好几年,甚至几十年了;还包括了最流行算法的详细描述。你可以开始运用 R 中的经典和现有的数据挖掘算法的知识结构进行工作了。

Appendix 附录

算法和数据结构

　　下面是和关联规则挖掘算法有关的一个列表。这只是可用算法的一小部分，但是已经被证明是有效的。

方法	数据集	序列模式挖掘	序列规则挖掘	频繁项集挖掘	关联规则挖掘
Apriori	交易型			是	
AprioriTid	交易型			是	
DHP（直接散列和修剪）	交易型			是	
FDM（关联规则的快速分布式挖掘）	交易型			是	
GSP（广义序列模式）	序列型	是			
DIC	交易型			是	
Pincer Search（夹击搜索算法）	交易型			是	
CARMA（连续关联规则挖掘算法）	交易型			是	
CHARM（封闭关联规则挖掘）	交易型			是（封闭）	
Depth-project	交易型			是（最大化）	
Eclat	交易型			是	
SPAD	序列型	是			
SPAM	序列型	是			
Diffset	交易型			是	
FP-growth	交易型			是	FP-growth

（续）

方法	数据集	序列模式 挖掘	序列规则 挖掘	频繁项集 挖掘	关联规则 挖掘
DSM-FI(用于频繁项集的数据流挖掘)	交易型			是	
PRICES	交易型			是	
PrefixSpan	序列型	是			
Sporadic Rules	交易型				是
IGB	交易型				是
GenMax	交易型			是 （最大化）	
FPMax（最大频繁项集）	交易型			是	
FHARM（模糊健康关联规则挖掘）	交易型			是	
H-Mine	交易型			是	
FHSAR	交易型				是
Reverse Apriori	交易型			是 （最大化）	
DTFIM	交易型			是	
GIT tree	交易型			是	
Scaling Apriori	交易型			是	
CMRules	序列型		是		
Minimum effort	交易型			是 （最大化）	
TopSeqRules	序列型		是		
FPG ARM	交易型			是	
TNR	交易型				是
ClaSP	序列型	是 （封闭）			

推 荐 阅 读

数据挖掘与R语言

作者: Luis Torgo ISBN: 978-7-111-40700-3 定价: 49.00元

R语言编程艺术

作者: Norman Matloff ISBN: 978-7-111-42314-0 定价: 69.00元

R语言与网站分析

作者: 李明 ISBN: 978-7-111-45971-2 定价: 79.00元

R语言经典实例

作者: Paul Teetor ISBN: 978-7-111-42021-7 定价: 79.00元

R语言与数据挖掘最佳实践和经典案例

作者: Yanchang Zhao ISBN: 978-7-111-47541-5 定价: 49.00元

R的极客理想——工具篇

作者: 张丹 ISBN: 978-7-111-47507-1 定价: 59.00元